陸軍八日市飛行場

戦後70年の証言

中島伸男

「何があったのか」を残しておきたかった
――はじめの言葉に代えて

陸軍八日市《ようかいち》飛行場は、大正時代、行政と地域住民が一丸となって誘致運動に取り組んだ軍用飛行場である。

五十万坪（約百六十五ヘクタール）の飛行場用地はすべて、地元（当時の八日市町など関係町村、蒲生《がもう》・神崎《かんざき》両郡および滋賀県）から陸軍に寄付された。

長い間、住民たちは町に陸軍飛行場のあることを大きな誇りにしてきた。

陸軍八日市飛行場は、滋賀県では最大、近畿でも有数の軍事基地であった。

日中戦争がはじまり、さらに太平洋戦争が勃発するとともに、陸軍八日市飛行場の機密化は急速にすすみ、住民と乖離《かいり》した存在となった。さらに、戦争末期には、「陸軍飛行場があるから怖い、あぶない」と恐れられる存在になり、昭和二〇（一九四五）年夏には、飛行場をはじめその周辺地域がたびたび米艦載機の空襲を受けるようになった。

私は、陸軍八日市飛行場のあった八日市で生まれ、育ち、そしていまもその町で暮らしている。艦載機グラマンと日本軍機が壮烈な空中戦を展開している最中、防空壕のなかで震えながら過ごした体験ももっている。しかし、長い間、自分にとって身近なはずの飛行場で、いったい何があったのかについてはほとんど何も知らないままであった。

陸軍八日市飛行場は、終戦直前まで巨大な組織を維持しつづけ、郷土の歴史にとって無視できない存在でありつづけながら、昭和二〇年八月一五日を境に忽然と姿を消したからである。

私が陸軍基地が残していったさまざまなドラマを掘り起こそうとするきっかけとなったのは、沖《おき》野《の》ケ《が》原《はら》における民間飛行場時代の歴史を調べたことであった。平成四（一九九二）年、私は民間飛行場と飛行学校の設立に情熱を燃やした人々の物語を、『翦風号《せんぷうごう》が空を飛んだ日』という一冊の本にまとめ出版した。

大正時代の人々が描いた大きな夢は、その後どのように実現したのか。あるいは、期待を裏切ったのか。そのことを調べ記録として残しておくことは、力不足とはいえ自分としての役割であると思うようになった。

平成七（一九九五）年から七年間、滋賀県総務課嘱託として県平和祈念館資料収集作業に従事できたことも幸運であった。

民間飛行場時代の歴史掘り起こしに手を染めて以来、早くも二十五年以上がたつ。

その間、私は実に多くの人たちから大正時代にはじまり太平洋戦争末期に至るまでの陸軍八日市飛行場やその周辺で起こった出来事を数多く聞き取ってきた。

民間飛行場創設という大きな夢の結末が何であったのか、どのような力が人々の夢や誇りとしてきたものを歪めたのか、その答えをようやく多くの証言のなかから見つけることができるのではないかと思っている。


陸軍八日市飛行場には幾万という兵士たちのドラマがあり、飛行場周辺に暮らしてきた幾十万という住民にも、まさに数え切れない体験がある。

私が聞き取ることのできたのは、そのうちの何十万分の一あるいは何百万分の一にしかすぎない。そのようなことでこれを陸軍八日市飛行場の記録といい、「本」として残してよいのかということに大きな迷いもあった。

しかし、戦後七十年を経たいま、この地に陸軍基地が存在したことを知っている人はごく少数になった。まして、その当時、陸軍八日市飛行場で何が起き、どんなことが行われていたのか、人々の記憶は急速に失われつつある。

民間飛行場からはじまって軍用飛行場の誘致と進出があった。しかし、戦争によって住民の期待は大きく裏切られた。その誤った歩みについて考えるための一つの手掛かりとして、「飛行場の記録を残しておく」ことには、それなりの意味があるのではないかと思うようになった。

本書は、私の所属する八日市郷土文化研究会機関誌『蒲生野』に随時掲載した文章を中心として編集している。系統的に書き下したものではないので、全体としてのまとまりがないことを怖れる。もともと無機質な「部隊史」「基地史」的なものをつくろうとしたのではない。あくまでも、たとえ小さなものであっても人間のドラマを聞き取り残しておきたかった。あるいは私の聞き取り方に間違いがあったかとも心配するし、まだまだ聞き取るべき事柄もあるには違いない。

しかし、その作業には「きりがない」と思うので、さまざまな逡巡にはあえて目をつぶり、今回の上梓を決心した。

最後になったが、私の聞き取りの相手をしていただいた数え切れないほどの多くの方々（亡くなられた方も少なくない）にたいして、この場で深く深くお礼を申し上げたいと思う。

平成二七年七月

中島　伸男

陸軍八日市飛行場　戦後70年の証言

目次

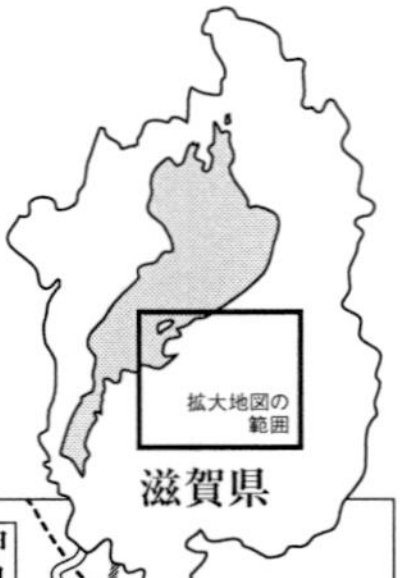

本書の主な舞台となる旧八日市市の位置

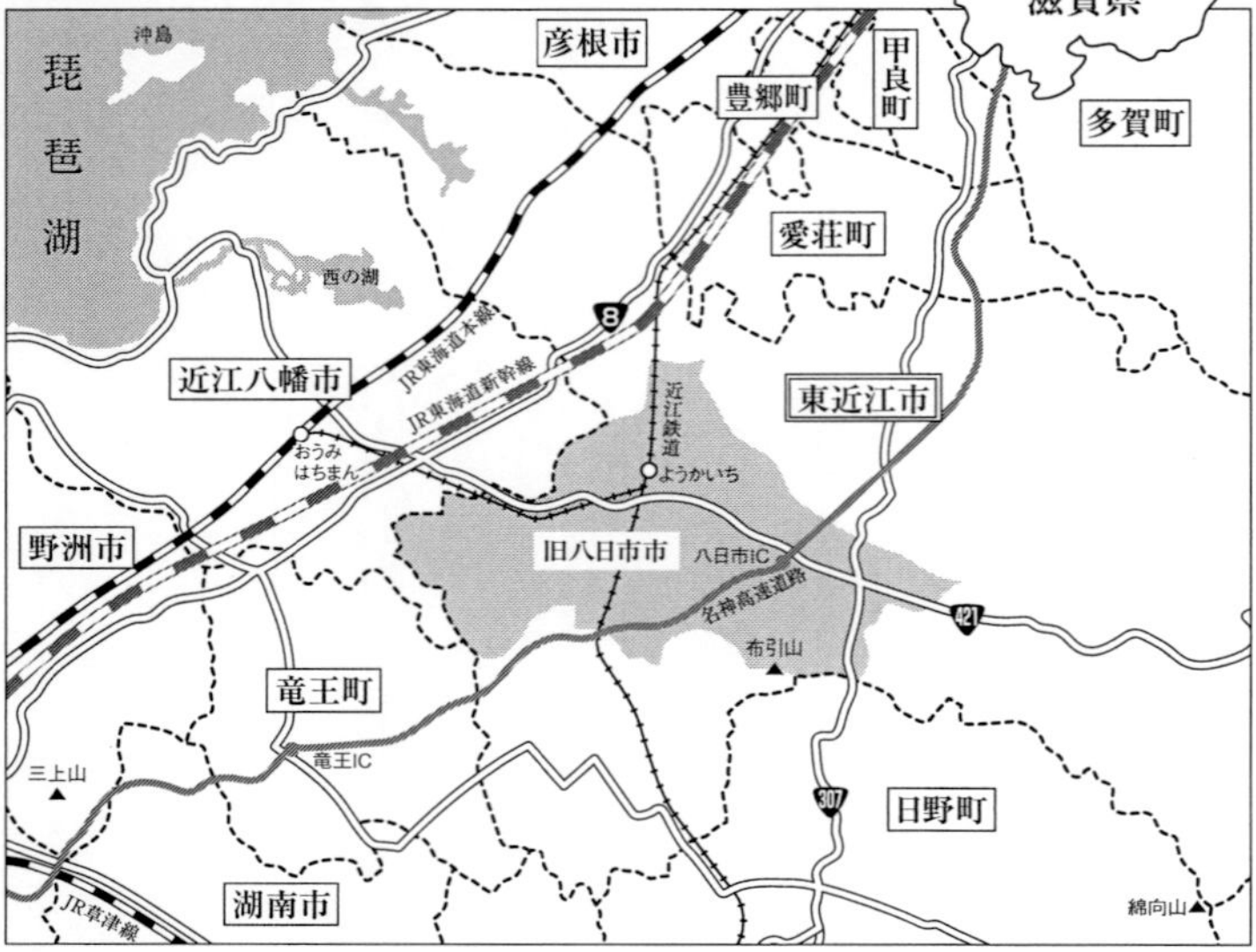

八日市市になる前の７町村　明治22年（1889）〜昭和29年（1954）

第1章 八日市飛行場の成り立ち

陸軍飛行場前史

沖野ヶ原の変遷

三枚の地図を見比べてみよう。

最初の一枚（地図①）は明治二八（一八九五）年に発行されたものである。八日市町（現東近江市）の南東部には、針葉樹林や荒れ地、草地が入り交じった原野が広がっている。そこを縦横さまざまに道が走っている。集落間の往来によって、自然発生的に生まれた道なのだろう。

二枚目（地図②）は昭和五（一九三〇）年発行のものだ。明治時代に原野であった部分は「飛行場」とされ、針葉樹林の記号や道路が消え、草地になり、そこを道路が囲んでいる。飛行場の東には大きな建物（格納庫四棟と兵舎）が描かれ、「しんやうかいち（新八日市）」から「ひこうじやう（飛行場）」までの鉄道線路も敷かれている。

三枚目（地図③）は平成一一（一九八八）年に発行された地図である。飛行場であった地域には碁盤の目のように道路が走り、住宅や工場の建設が進む様子が見てとれる。周辺部は水田の記号で埋

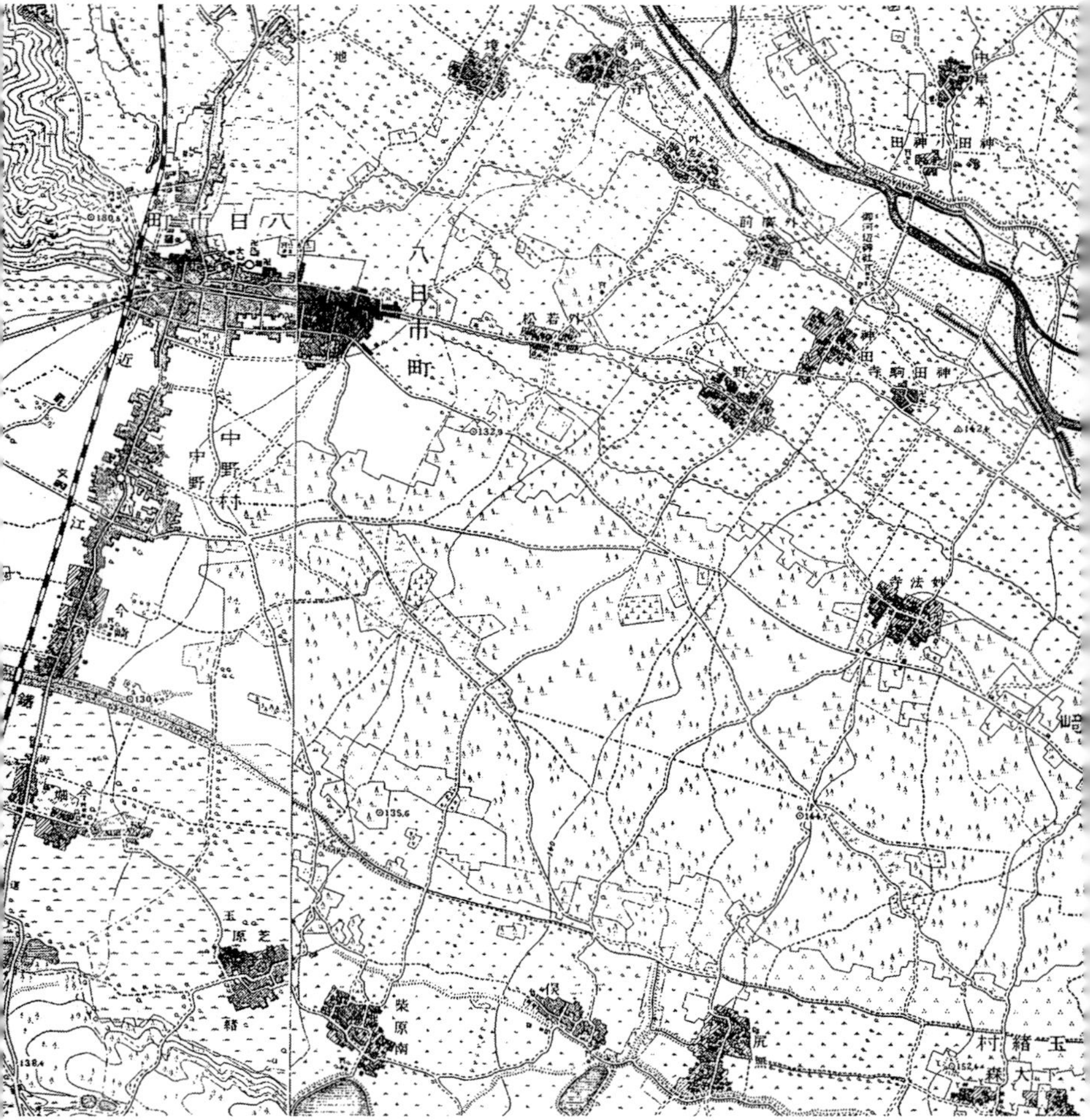

地図①　明治28（1895）年陸地測量部発行

地図②　昭和5（1930）年陸地測量部発行

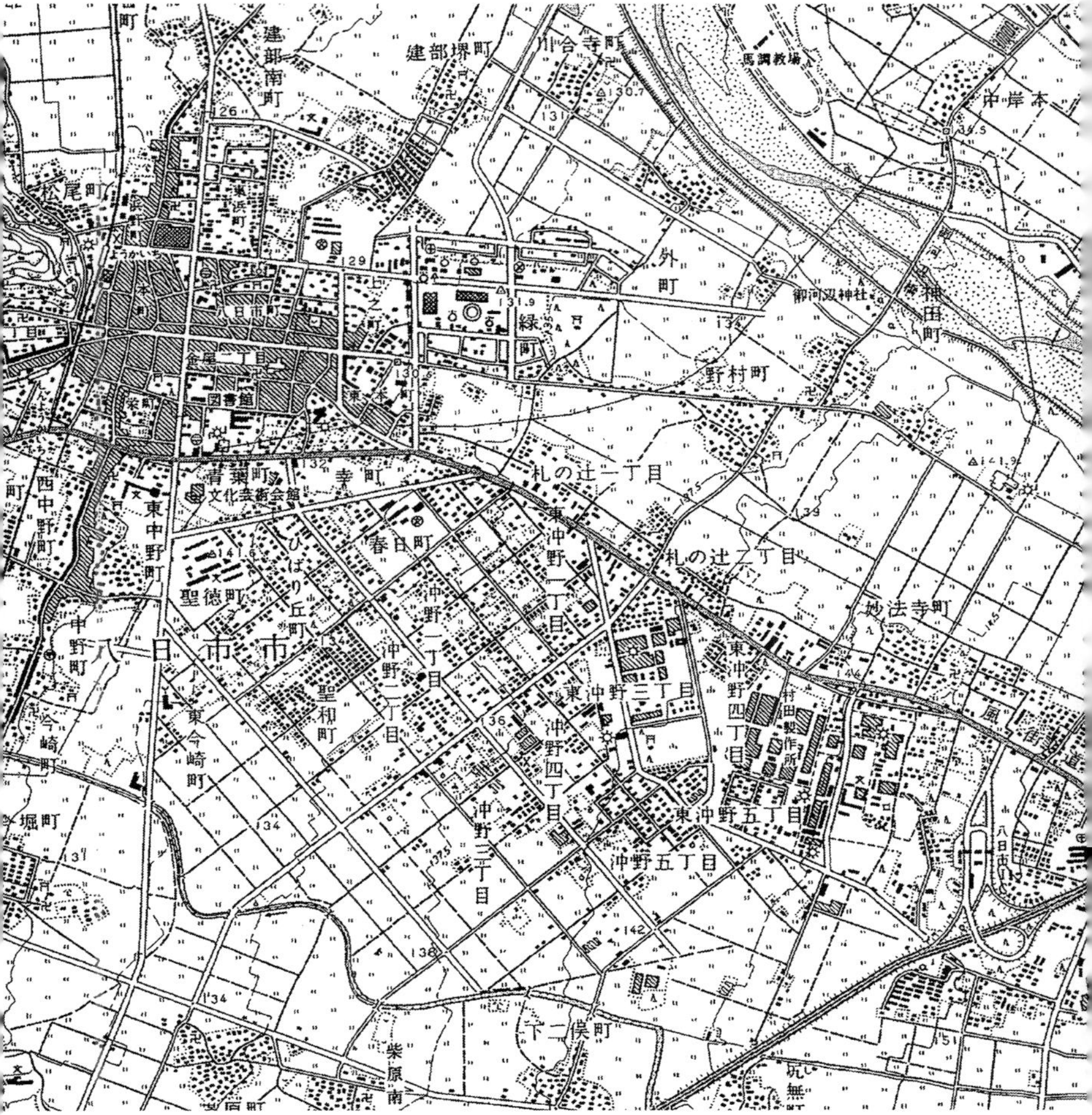

地図③　平成11（1988）年国土地理院発行

められている。

この三枚の地図はかつて「沖野ヶ原《おきのがはら》」とよばれた地域のものであるが、百年もたたないうちに大きな変貌を遂げたことがわかる。

沖野ヶ原は、一、二万年前までは愛知川《えち》の流域であったといわれる。地層は河川が押し流した砂礫で、地表水はすぐに地下に浸透し、耕作には適さなかった。そのため、明治時代まで、松林や草地が広がる原野のまま残され、周辺の村々の燃料採集や肥料、飼料の草刈り場になっていた。

有名な「東近江大凧《ひがしおうみおおだこ》」（国選択無形民俗文化財）は、鈴鹿山系から吹く風と広大な原野があったがゆえの伝統行事である。近代に入っても、競馬大会や自転車競争大会、青年大会などが開かれた記録がある。沖野ヶ原は東近江地域のイベント会場でもあった。

翦風号が飛んだ

大正初年、この沖野ヶ原に目をつけた青年がいる。島川村（現愛荘町《あいしょうちょう》）出身の荻田常三郎《おぎたつねさぶろう》である。結果的には彼が、沖野ヶ原の歴史を大きく転換させることになる。

荻田常三郎は、飛行機の魅力にとりつかれた男であった。軍役を退いて京都で呉服商を営んでいたが、飛行機への憧れをおさえきれず、家財を売り払って資金をつくり、フランスに渡った。現地で飛行機の操縦術を学び、大正三（一九一四）年五月、フランスで購入した単葉機（のちの翦風号《せんぷうごう》）

翦風号と荻田常三郎（機上の前席）

とともに帰国した。

やがて荻田は、郷里・島川村への訪問飛行を計画する。その発着場に沖野ヶ原を選んだのである。

大正三年一〇月二二日午前八時八分、荻田常三郎が操縦する翦風号が沖野ヶ原を飛び立った。ライト兄弟の飛行機発明からわずか十一年目のことであり、だれもまだ飛行機を見たことがない時代である。当然、飛行大会は大変な評判となり、三万人とも四万人ともいわれる見物客が集まった。

沖野ヶ原を飛び立ち、島川村の上空で旋回し、ふたたび沖野ヶ原に戻るまでの飛行時間はわずか十二分四十五秒であった。しかし、この距離も時間もあっけないほど短くささやかな飛行が、のち三十二年間にわたる「飛行場の町八日市」の歴史を押し開いたのである。

飛行大会を後援した八日市町は、大群衆を目の当りにしてすぐさま、「飛行機による町おこし」を考えた。

荻田にはもちろん、わが国における民間飛行界の開拓、興隆という大きな夢があった。その日のうちに八日市町長と町議会などにより、「翦風飛行学校設立期成同盟会」の立ち上げが決議された。当時、八日市町役場が飛行場の用地買収に着手した記録（大正三年一一月「土地買収に係わる書類綴」）が残っている。それによれば、翦風号が飛び立ったのは、現在の八日市南高校付近と推定される。その地こそ、わが国の「民間飛行場発祥の地」といわねばならない。

民間飛行場の夢消える

ところが、「八日市飛行場」は次々と予期せぬアクシデントに見舞われた。大正四（一九一五）年一月三日、肝心の荻田常三郎が伏見・深草練兵場で墜落し死亡、翦風号も炎上した。飛行場発足を目前にして、その象徴ともいうべき、たった一人のパイロットとその愛機が同時に失われたのである。

その窮状を見かね、金屋《かなや》の油商・熊木九兵衛が、私財をなげうち資金を提供する。それによって辛くも、残されていた設計図をもとに、翦風号が復元された。飛行機は「第二翦風号」と名付けられた。また、アメリカの民間飛行家、チャールス・ナイルスやフランク・チャンピオンらが招聘《しょうへい》され、飛行学校開設への取り組みがあらためて進められることになった。

大正五年には、中国人留学生の飛行訓練場となったことがある。短期間であったが、八日市飛行場が中国空軍発祥の地とされる由縁である。

しかし、大正六年五月、フランク・チャンピオンが第二鶺風号とともに墜落死するにおよんで、八日市飛行場は飛行家も飛行機もない「無用の長物」となり、町当局のお荷物となってしまった。当時の資料などから、八日市町が土地買収で整備した飛行場の面積は、約五万坪（一六ヘクタール）であったと推定される。大きな夢と多額の町税が投入されたにもかかわらず、広大な遊休地だけが残ったのである。

さてこのころ、陸軍は所沢（埼玉県）にはじめての航空大隊の編成を終え、さらに第二、第三の航空大隊計画を進めていた。八日市町はこのニュースをキャッチ、大正五年八月にはすでに、議会で「沖野原飛行場寄付採納」の件を協議し、あわせて中野、御園《みその》、玉緒《たまお》の各村長と連絡をとり、滋賀県の協力も得て、沖野ヶ原への航空大隊誘致にとりかかった。

大正六年二月ころ、大正座（現八日市金屋一丁目）で陸軍航空大隊誘致の是非をめぐり町民大会が開かれている。「飛行家養成と民間飛行界振興のため苦労してきたのに、広大な敷地を国に寄付するとは何ごとか。飛行場をそんなにもてあましているのなら、いっそ芋や桑を植え、殖産をはかったらどうか」などの意見も出されたが、民間飛行場存続のための展望がないため、大勢は陸軍飛行場誘致の方向に傾いていった。

航空第三大隊の誘致

大正六（一九一七）年一一月、陸軍特別大演習会が湖東地方で開催され、八日市飛行場が飛行機の臨時離着陸場として指定された。これを機に、町当局、議会、大字区長らが航空大隊誘致に積極的に奔走した。滋賀県も「飛行場の設置は軍事上必要のみならず、県の利益であり関係町村の利益も莫大なものがある。さらに湖南鉄道、近江鉄道の発展にもつながる」と全面的に地元の誘致運動を支援した。

大正七年五月、陸軍から八日市町に対し、五十万坪（百六十五ヘクタール）の飛行場敷地の寄付を前提とした「沖野ヶ原への航空第三大隊新設」に関する内議があった。既設民間飛行場の実に十倍という広大な面積の土地が要求されたのである。

関係町村（八日市、御園、玉緒）や滋賀県との協議の末、用地買収のための経費は、一町二村と蒲生、神崎両郡および滋賀県が三分の一ずつ負担するという結論が出た。資金調達のため、県内外において大々的な寄付金募集運動が取り組まれ、並行して、地権者との買収交渉が行われた。

一年後の大正八年六月、すべての買収と寄付が終わり、大正九年三月には沖野ヶ原一帯五十万坪は陸軍省用地となった。

大正九年六月一日、滋賀県主催による「陸軍第三航空大隊地鎮祭」が盛大に開催された。

雪と寒風の開隊式

大正一〇年一一月七日午前十時四十分、岐阜県各務原《かがみがはら》で編成された「陸軍航空第三大隊」（大隊長後《ご》藤元治《とうもとはる》大佐）百四十二名が、近江鉄道八日市駅に降り立った。駅前には歓迎のアーチが立ち、国旗や提灯ではなやかに飾られ、八日市町をはじめ近隣の村々の諸団体や小中学生、在郷軍人会など大勢が一行を迎えた。八日市町長や議員は、前日から岐阜に出迎えに赴くという大歓迎ぶりであった。

翌大正一一年一月一一日、開隊式が挙行された。「一一」の字がならぶ吉日が開隊式の日として選ばれたのだろう。六曜を調べると当日は「先勝」である。「先勝」は「戦勝」にも通じるので、これも縁起がよい。ただし開隊式当日の天候は朝から雪であった。民間飛行場開設にかかわり、航空第三大隊の誘致に働い

八日市駅に到着した航空第三大隊とこれを迎える町民たち

た八日市町議会議員の清水元治郎も開隊式に招待され出席した。
清水の日記には、式典の様子が次のとおり記されている（『清水元治郎日記』）。

午前十時参列、次第は左の如し
午前十時十分、軍隊整列。二十分、来賓臨場。三十分、開隊式開始。
①遙拝式　②隊長式辞　③来賓式辞　④神社参拝　⑤飛行演習
正午　宴会　午後一時より余興開始。
右の次第にして降雪紛々、（中略）広き飛行場に参列、右の式を終わり新たに祭祀されたる神社に参列。格納庫にて宴会あり。宴会は一重の粗末なる折詰、冷酒数人に二合瓶一本ずつ。記念品は画箋紙三枚にして誠に粗末なる宴会なり。近時稀に見る祝宴なり。余興見ずして帰りたり。人出多かりしも、降雪寒風のため割合静かなりき。飛行機は七機整列したるもモ式一機は故障のため飛翔せず。ス式一機は飛翔したるも故障のため直ちに着陸し、他の五機は飛翔し各種の高等飛行を演ぜられたり。

翌日の新聞に、後藤元治大隊長が当日の式辞で「本邦航空界に先駆して、民間飛行場を設置したる歴史ある当地」と八日市飛行場を讃えたことが報道されている。

「不景気風も知らぬ顔」の八日市

大正一一（一九二二）年八月、航空第三大隊は「飛行第三大隊」と改められた。一一月の大隊開設一周年には、多くの町村関係者が招かれた。毎年、四月三日には飛行場祭が開催され、その日は飛行機や飛行場施設が一般民間人にも広く公開された。隊員によるさまざまなアトラクションや大凧飛揚も行われ、隊員家族をはじめ近郷近在から多数の見物人が集まり賑わった。

大正一四年一二月二〇日付『朝日新聞』に、航空隊誘致後の八日市の模様が次のように紹介されている。

飛行連隊の設置によって、その名をかなり広く知られるに至った八日市町は、いわば新興の町で今日このごろの不景気風も知らぬ顔にドシドシ新しい家が建てられ、随所に溌剌とした活気が漲っている。そしてどこを探しても貸し家札を貼られた家は一軒もない。それくらい素晴らしい膨れ方をしているが、物価の高いことは恐らく県下第一の定評がある。

民間飛行場の建設は失敗に終わったが、航空大隊の誘致は八日市町当局の期待どおり、地域経済の活性化に大きな役割を果たしたのであった。

その後の変遷

大正一四年、飛行第三大隊は、「飛行第三聯隊」に編成改正が行われ、甲式四型戦闘機、三個中隊二十七機を有することになった。

昭和八年、航空軍備改善計画により、飛行第三聯隊は「戦闘」から「偵察」に改変された。装備機は八八式偵察機一型、二型混用の三個中隊であった。そしてこの年、飛行第三聯隊で飛行第二大隊が編成され、奉天《ほうてん》（現瀋陽）に進出した。

昭和一〇（一九三五）年ころ、軍機密を守るという理由で、新型飛行機を撮影した写真類が没収されるという事件が起きた。昭和一一年には、夜間演習用の照明が軍命令により、八風《はっぷう》街道沿いの民家の屋根に取りつけられた。

昭和一二年七月、日中戦争がはじまると機密性がますます深められ、部隊と地元民との関係は、かつてのような「親密さ」が失われていった。

昭和一三年、航空機全般の修理・整備作業を担当する「陸軍航空分廠」が設置される。昭和一七年ころの航空分廠は人員三百三十人余であったが、終戦時には千人近くに達している。

昭和一七年三月、飛行第三聯隊は九十三部隊と九十四部隊に編制され、九十三部隊が飛行第三戦隊として青森県八戸市に移駐、そのあとに、満州牡丹江《ぼたんこう》省から地上要員の教育訓練にあたる第八航空教育隊（中部第九十八部隊）が入った。

戦争末期の昭和二〇年には、第四教育飛行隊（中部第九十四部隊）、第八航空教育隊（中部第九十八部隊）のほかに、第二三七飛行場大隊、第二五四飛行場大隊、第一七七独立整備隊なども置かれていた。昭和二〇年八月一五日の終戦により、荻田常三郎の初飛行から三十二年にわたる「飛行場の町八日市」の歴史に幕が下りた。

太平洋戦争当時、近畿地方には九か所の陸軍飛行場が存在した。八日市（滋賀県）、大久保（京都府）、大正（大阪府）、佐野（大阪府）、盾津（大阪府）、伊丹（兵庫県）、三原（兵庫県）、加古川（兵庫県）、そして北伊勢（三重県）である。この九飛行場のなかで、大正時代に設立されたものは八日市飛行場のみで、その歴史はずば抜けて古い。また、地元が積極的に陸軍飛行場の誘致を図ったのも、八日市飛行場のみである。

第2章
陸軍と八日市飛行場の造成

防衛研究所に残された資料

平成一七年九月二七日、東京都目黒区にある防衛庁防衛研究所戦史部を訪ねた。戦史部図書閲覧室で、八日市飛行場に関する資料を調べるためである。

これまで私は何人もの人たちから、八日市飛行場についての話を聞き、記録をとってきた。それらをきちんとした資料で裏づけたい。さらに、もっとより多くのことを知りたい。飛行場の面積はどれだけで、どのような部隊がどれだけの規模で駐屯していたのか。配置されていた飛行機は何だったのか。飛行場の拡張工事はいつ行われたのか。ドーム型掩体壕《えんたいごう》はいつ着工され、完成後には何機を収容する計画だったのか。さらに根本的な疑問もある。それは、本土決戦で八日市飛行場が、戦略的にどのような位置づけにおかれていたのかということだ。

「陸軍八日市飛行場のことについて何でもよいから知りたい。そのために訪ねてきた」と告げた私に、戦史部図書閲覧室の職員は、「基本的には資料は何も残っていません」と言うばかりであった。八日市飛行場だけではない。敗戦直後の大本営の指示で、軍部が管理していた書類はすべて焼却されたためであった。結局、これまでどおりの聞き取り調査をする以外、飛行場の歴史を知る方法がないことがわかった。

ただ、かろうじてプリント刷りの冊子一点が残存していた。「軍事極秘」の朱印が押された更半紙《ざらはんし》の綴《つづ》りで、昭和一九年四月二〇日に第一航空軍司令部が調製した『飛行場記録』である。千島・樺太をはじめ本州から朝鮮、台湾におよぶ百八十の陸軍飛行場

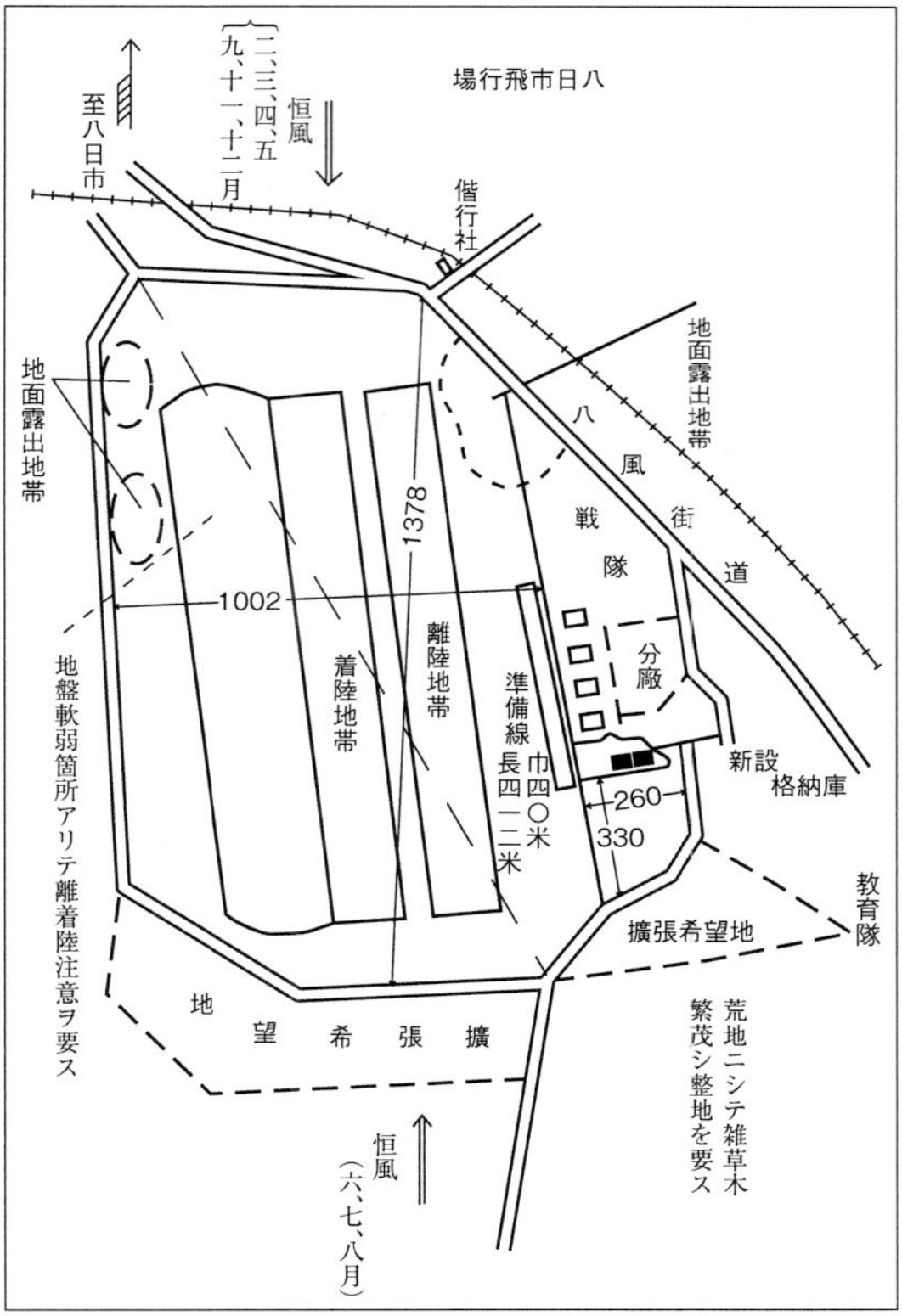

防衛研究所戦史部図書閲覧室にあった地図をもとに描き起こした八日市飛行場平面地図（編集部作成）

の概要をごく簡単に記したものである。八日市飛行場には「一四四」の番号が付され、簡単な地図と飛行場の概要が記載されてあった。

地図（P33参照）を掲載するとともに、八日市飛行場に関する記録を次のとおり転記する。

【面積】一、四〇二、五〇〇平方米

【地表ノ状況】西方ニ向ヒ約二〇分ノ一ノ勾配アリ。概ネ平坦ニシテ芝密生シ良好ナルモ、一部砂利多ク芝付不良ナル箇所アリ。排水良好ナリ。

【周囲ノ状況】東部ニハ新設航空教育隊・気象部等アルモ其ノ他ハサシテ障碍トナルベキモノナシ。

【格納施設】二〇〇〇平方米、三　二六〇〇平方米、一　一二〇〇平方米、一

【居住施設】兵員収容力七〇〇名

【交通連絡ノ状況】米原駅ヨリ近江鉄道会社線。近江八幡駅ヨリ八日市鉄道線アリ。町内ニハ私設バスアリ。

【営外者住宅関係】八日市町家屋ノ現況ハ貧弱ニシテ全部ノ需要ヲ充シ得ザル状況ニアリ。下宿ニ休ル場合ニ於テモ亦然リ。将来、営外者住宅ヲ官ニ於テ建築セラルルヲ希望シアリ。

【其ノ他】一、旧爆撃場敷地トシテ買収シアル飛行場東南隅原野ハ将来飛行場トシテ使用致度希望アルニ付、整地スルノ要アリ。

二、戦隊本然ノ目的達成ノタメニハ飛行場狭隘ニ過グルノ感アリ。南部竝ニ東南部ニ拡張ヲ要ス。

以上のとおりで、「軍事極秘」と断っているものの、取り立てて秘すべきほどのことは書かれていない。この資料に掲載されていた飛行場の地図を見ると、武村友幸さんから頂いた、昭和五（一九三〇）年発行の地図にある飛行場の形と同じである（P18参照）。つまり、飛行場拡張以前の図面なのである。したがって、飛行場の面積一、四〇二、五〇〇平方メートル（四十二万五千坪）や、「戦隊本然ノ目的達成ノタメニハ飛行場 狭隘《きょうあい》ニ過グルノ感アリ。南部竝ニ東南部ニ拡張ヲ要ス」というのは、拡張工事が行われる以前のものであると判断される。

なお、格納庫前の「準備線」（一般的に滑走路と誤解されているコンクリート道路。現在もその一部が冲原神社前に残る）が、幅四十メートル、長さ四百十二メートルであったことがわかる。長大な準備線がつくられていたのである。

もう一つの「飛行場記録」

東京在住の小杉弘一さんは、防衛研究所図書閲覧室でもう一つの『八日市飛行場記録』を探し出し提供していただいた。小杉さんは学生時代の一時期、布引《ぬのびき》丘陵における掩体壕築造作業に従事された方である（『蒲生野』第四十号・小杉弘一「掩体壕つくりに参加して」参照）。

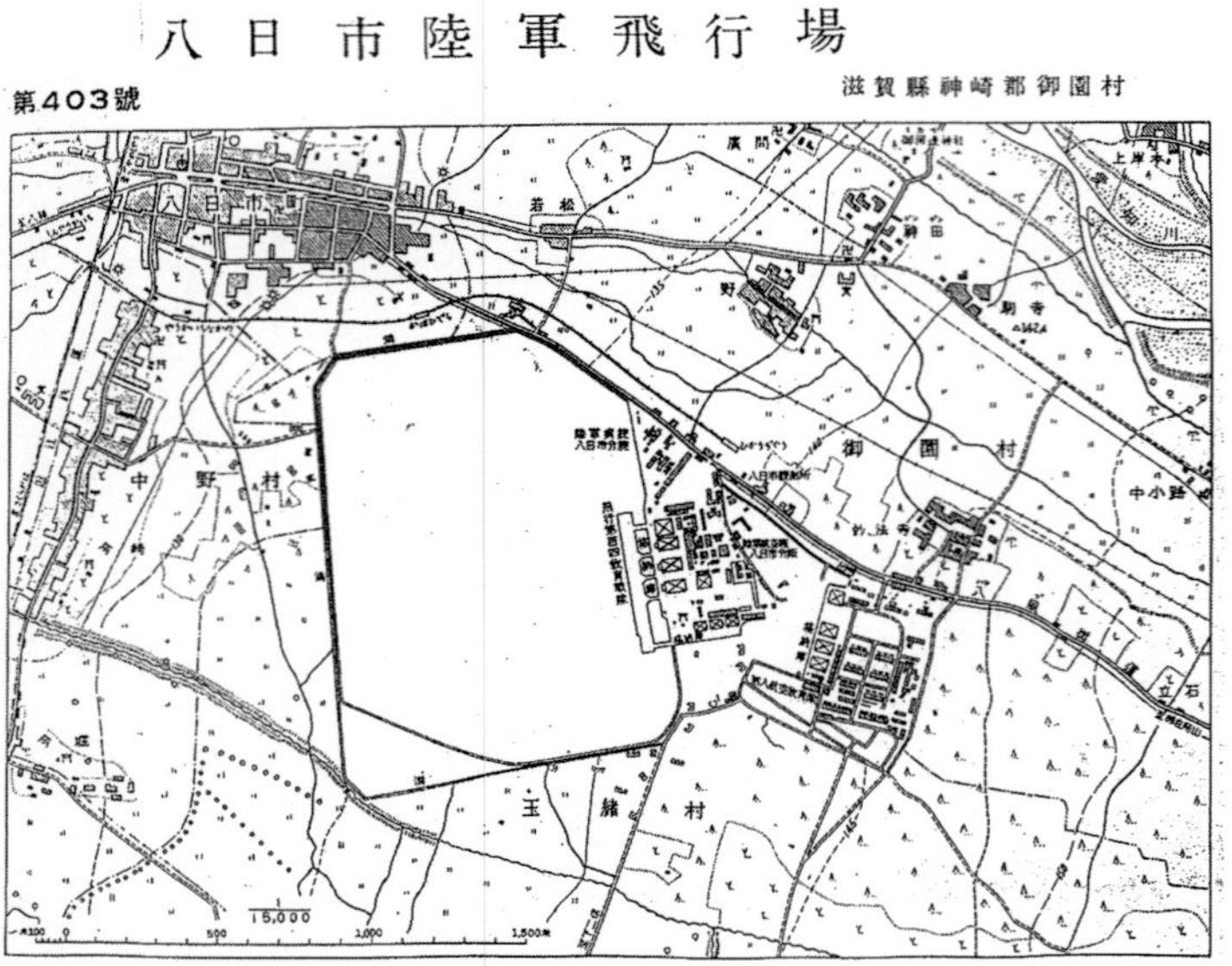

小杉弘一さん提供の八日市飛行場周辺地図

この『記録』は「昭和一八年四月調」となっているので、私が得たものより一年前のものである。正規の地図上に飛行場の範囲や施設が記され、全体の位置関係がわかりやすい。記載項目の内容にはほとんど差異はないが、「一、二月は積雪一二〇乃至二〇〇センチに達ス」の記事があり、現今の積雪量との違いにおどろかされる。それだけの雪があると、冬季は飛行場としての機能が大きく低下したことだろう。

　小杉さんからいただいた資料のなかに、プリント刷りのものがあった。手書きでおおまかな飛行場の概念図が描かれているが、その右下に「掩体地区」が記入されている。しかし、布引丘陵の掩体壕や誘導路については何ら記載されていない。プリントの図面は昭和一八年末のものではないかと想像する。

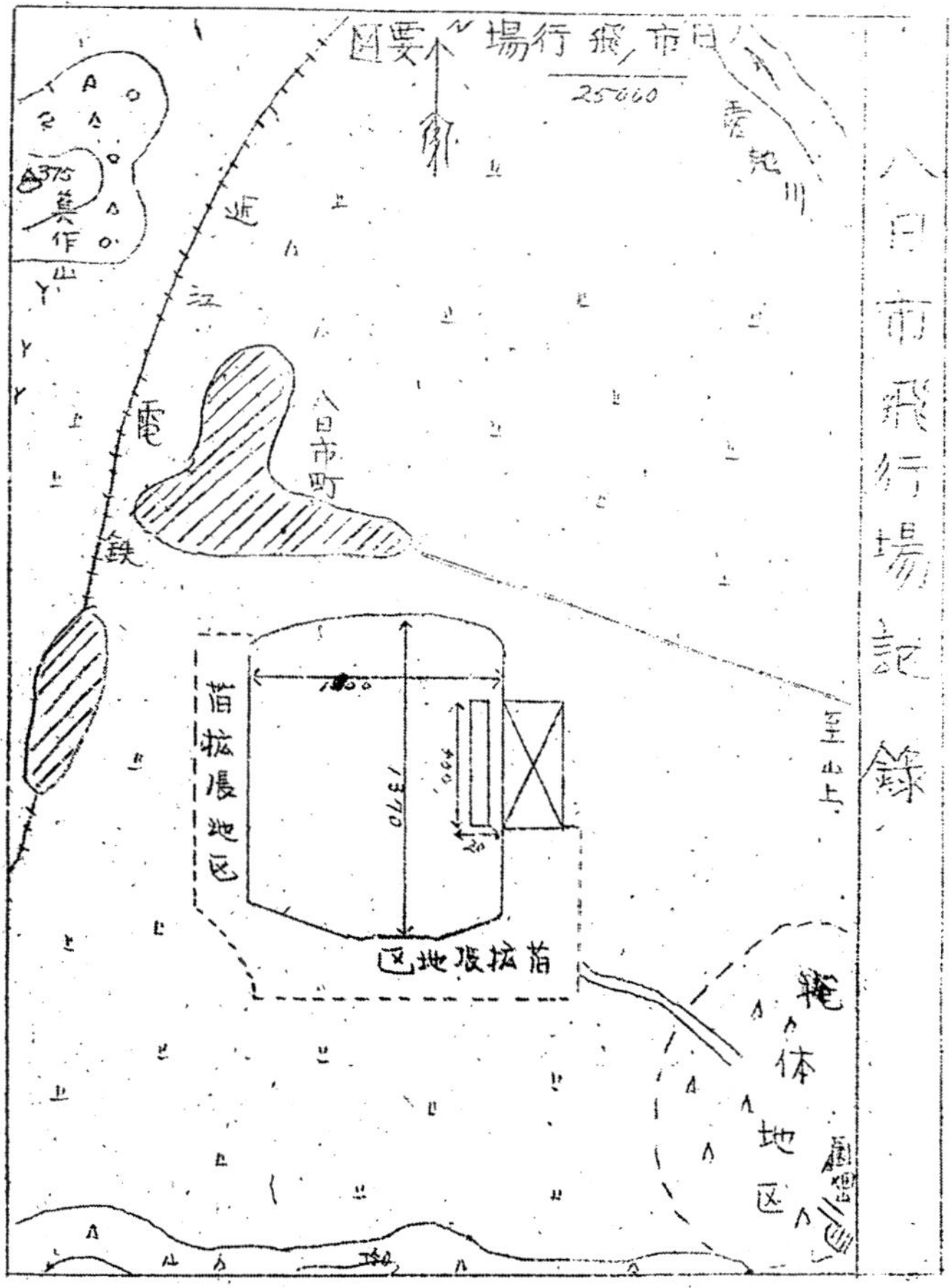

プリント刷りの飛行場平面地図

水田を潰し飛行場の拡張

水田十八町歩が買収される

武村友幸さん（東近江市柴原南町《しばはらみなみ》）のお宅に小さなノートが残っていた。父の惣三郎さんが記した武村家の『耕作反別台帳』である。

そのなかに次のような記事があった。

小字「上中道」八畝二九　　十七年にて終わる

小字「上中道」一畝　　十六年にて終わる

小字「石倉」六畝一二　　米作十八年にて終わる

これは、飛行場拡張で軍部に買収され、耕作が終わった年次を記したものである。小字「上中道」「石倉」は、蛇砂川《へびすながわ》の湾曲した北側に所在する。『耕作反別台帳』の記録から、飛行場拡張の用地買収は昭和十六年代からはじまり、十八年の水稲の収穫後、工事が開始されたことが推定できる。

当時の軍部も、飛行場拡張についてはそれなりの手続きと登記を行っていたらしい。しかし、布引丘陵への誘導路については土地台帳に何も記入がないことから、正規の買収や登記が行われぬまま造成工事が進められたらしいと、武村友幸さんは推測している。

同じ柴原南町の武村勘一さん（柴原南町、昭和七年生まれ）は『柴原南と飛行場』という記録文を綴っている。これによれば、昭和一九年の飛行場拡張にともない、蛇砂川の流路は南に約百メートル押し下げられた。柴原南町では十八町歩の水田が埋められ、二か所の水源地や用水路も用地に取り込まれ破壊されたという。西へほぼ一直線に流れていた蛇砂川は、U字型に曲げられ、その分だけさらに多くの水田が潰される結果となった。

飛行場用地として接収された水田十八町歩は、戦後、もとの地主に返還されたが、まったくの荒野に変わり果てていた。重機などがない時代であり、スコップとツルハシのみで農地の復旧作業を行い、四年後の昭和二七年に水源地、用水路をふくむ水田をようやく復元したという。

一通の代位登記嘱託

陸軍省に売却された土地の、当時の代位登記嘱託書一通が残っていた。

土地所有者は玉緒村大字尻無《しなし》（当時）八四九番地、藤川萬之亟さん。代位原因として、「昭和一八年二月八日買収」となっている。代位者は陸軍省で岐阜飛行師団経理部長、鍋島□□（判読できず）の公印が捺《お》されている。

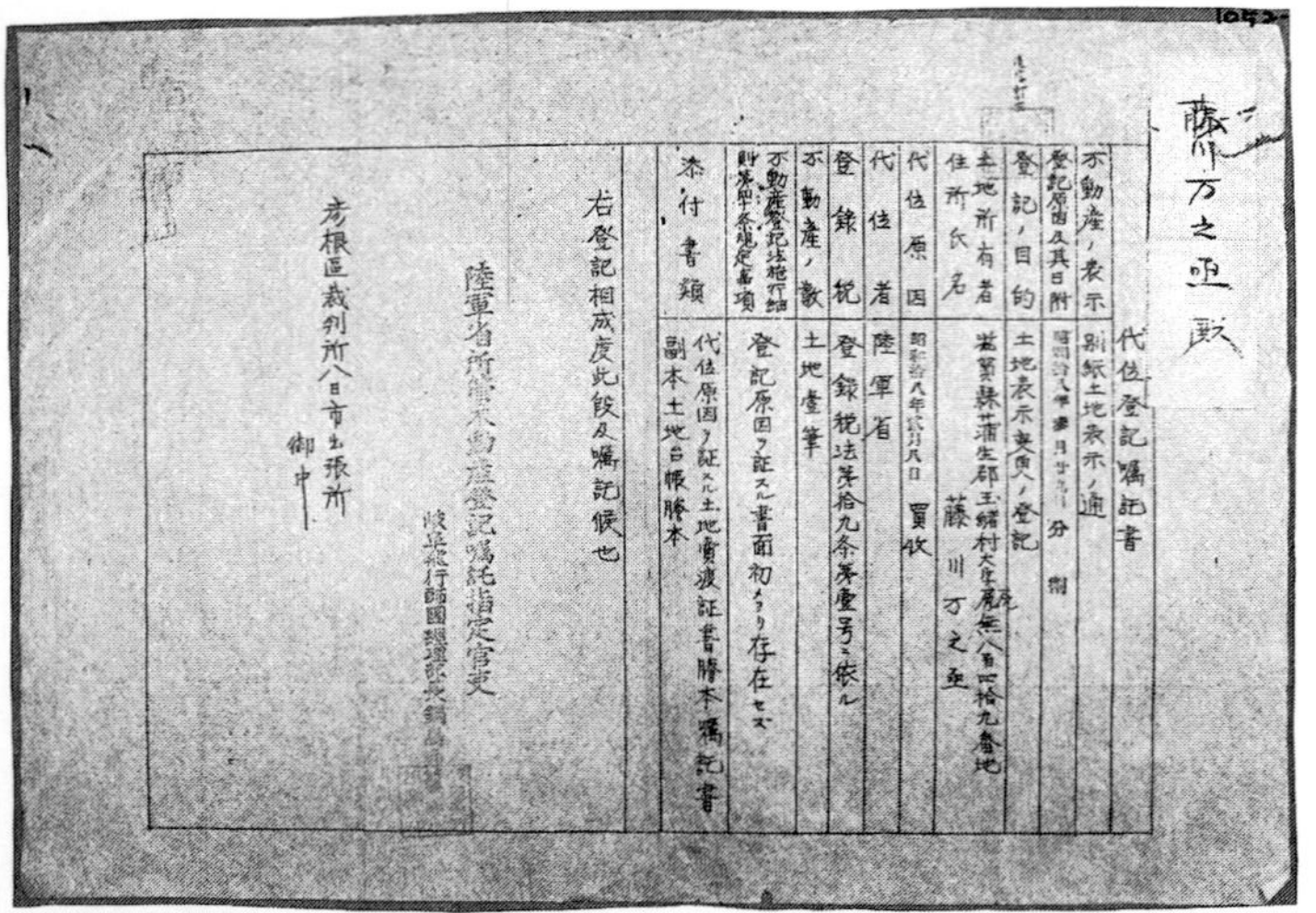

藤川万之亟殿

代位登記嘱託書

不動産ノ表示	別紙土地表示ノ通
登記原因及其日附	昭和拾八年参月廿九日 分割
登記ノ目的	土地表示変更ノ登記
本地所有者住所氏名	滋賀県蒲生郡玉緒村大字尻無八百四拾九番地 藤川万之亟
代位原因	昭和拾八年弐月八日 買収
代位者	陸軍省
登録税	登録税法第拾九条第壱号ニ依ル
不動産ノ数	土地壱筆
不動産登記法施行細則第四十条規定事項	登記原因ヲ証スル書面初メヨリ存在セズ
添付書類	代位原因ヲ証スル土地売渡証書謄本嘱託書副本土地台帳謄本

右登記相成度此段及嘱託候也

陸軍省所管不動産登記嘱託指定官吏

彦根区裁判所八日市出張所

御中

代位登記嘱託書

当時、飛行場の南にあたる玉緒村大字尻無をはじめ下二俣《しもふたまた》、柴原南、芝原《しばはら》の各町では、飛行場拡張のため、大切な農地を手放さねばならなかった。

平成二七年三月一九日、藤川萬蔵さん（大正一五年生まれ、代位登記嘱託書の当事者・藤川萬之亟さんの長男）宅を訪ね、尻無地区の飛行場拡張のいきさつを聞いた。

萬蔵さんは、「親父の代のことで、自分も若かったから記憶は定かでないが」と言いつつ、およそ次のようなことを話された。

尻無では、昭和時代に三次にわたり耕地整理組合が結成され、地域の農業振興が図られてきた。昭和のはじめ、第一耕地整理組合が発足し、集落の近くに農業用揚水場が建設された。次に昭和七年ころ、第二耕地整理組合がつくられ、桑畑（当時、養蚕農家が多かった）や茶畑が整備された。昭和一〇年には第三耕地整理組合がスタートし、藤川萬之亟さんが組合長になり、集落の北に広がる山林の開墾と水田化が進められた。

このように長い年月をかけて耕地化した地域が、飛行場拡張の対象区域とされ、尻無町全体で十〜十三町歩が陸軍省に買収された。せっかくの水田が均《なら》され芝草の生える飛行場に姿を変えたのである。代位登記嘱託書の日付により、買収は昭和一八年初期に完了していたことが判明する。代価がどれくらいであったかは記録がないが、藤川さんが父親の萬之亟さんに渡した復員手当五百二十円について、「あの金で耕地整理の借金が返せた」と話していたという。買収費がわずかなものであったことがうかがえる。

戦後、「買収された用地を二年以内に耕地化したらその土地を返還する」との通達があり、村民は再度、水田化に取り組んだ。結果的に戻ってきたのは陸軍に買収された用地の六割程度であったという。

藤川萬蔵さんに、飛行場拡張で潰された田んぼ付近に連れていってもらった。藤川さんは畦道に立ち「自動車教習所と奥野建興社を結んだ線の北側が、ぜんぶ飛行場にとられた」と二点を結ぶように両手を広げた。そこは、冬枯れの残る田んぼやぽつぽつと住宅が建ち並ぶありふれた風景である。さまざまな苦労があったろうことは推測できても、当時を知らない私にはイメージを浮かべるすべがなかった。

非国民ナリト卓ヲ叩キ

「飛行場拡張記録」

昭和一九年からはじまった飛行場の拡張は、周辺の墓地をも含み、田畑や山林に範囲が広がっていた。陸軍からの買収交渉（「交渉」というより「通告」に等しい）は、関係する土地所有者にとってきわめて重大な問題であった。

これらの経緯は、当時の大字中野区長小梶甚三郎氏が取りまとめられた「飛行場拡張記録・昭和二〇年三月付」（『中野共有文書』「八日市市史第六巻・資料Ⅱ」）によって知ることができる。小梶甚三郎氏は『中野村志』をまとめるなど、かねてより郷土の歴史保存に尽力されていて、村の有力者として当時直面した事柄を克明に記録し、後世に伝えられた功績は大きい。

飛行場拡張問題が陸軍から提起されたのは、昭和一九年四月であった。

中野村役場では、六日午前中に関係区長会を開催し、下相談を行い、午後二時から偕行社《かいこうしゃ》（P77参照）での会議に臨んだ。会議では、岐阜飛行師団経理部長山口大佐が「飛行場拡張ノ止ムナキ事由」

を述べ、敷地買収に応諾するよう求めた。墓地移転の問題もこのとき同時に提起されていたと推定される。午後五時に会議は終わり、その後、中野神社で中野、玉緒両村の関係者による意見交換会が開かれ「一致ノ歩調ニテ交渉ヲススムル」ことを確認した。

動力揚水場の埋め立て案

四月七日午後八時から、飛行場拡張の用地の所有者など関係者の会合がもたれた。その場で経過報告が行われ、買収問題について一同の了解を得る。関係者のなかから委員五名が選ばれ、ほかに実行組合長も委員に加わり六名の委員会ができた。墓地移転問題においても五名の委員が選出されているが、もちろん構成員は異なっている。

その後、玉緒村と連絡をとりつつ数回の委員会が開かれた。「灌漑《かんがい》用の動力揚水池を埋められては困る」といった条件は、このとき軍部に申し入れるよう中野村、玉緒村の間で話し合われたものかも知れない。

一方、師団経理部は委員会に対し、買収価格を提示しないまま土地売渡書に調印せよと強く迫ってきた。委員たちは「公定価格では、あまりにも安価に過ぎる」と抵抗し、容易に調印しなかった。このため、「問題ヤヤ困難、渋滞」する結果となった。

軍の買収官は、「調印ニ応ゼザレバ非国民ナリト卓ヲ叩イテ怒語」した。買収交渉に同席していた小梶甚三郎さんは、「悲愴ナル場面ニ接スル毎ニ身ヲ隠シタキ思ヒ」がすることも、しばしばであったと記している。

区長、委員の立場からすれば、一文でも高い値で買収されることが望ましい。しかし、「戦国の国策」にそわないというような刻印を押されては、中野村の名誉にかかわる。委員一同、協議を重ね、ついに悲痛な思いで土地売渡承諾書に調印することを決めた。

土地売渡承諾書には六箇条があったが、その内容は、「所有権移転前といえども、立ち入り測量はもちろん、その土地を軍が使用しても異議をさしはさまぬこと（第二条）」「土地価格などは、別途、委員との間で協定を結ぶ（第三条）」「当該土地については第三者とのすべての関係を清算し、軍に迷惑をかけないこと（第五条）」などとなっていた。

四月一〇日、関係する土地所有者全員がこの「承諾書」に連名で署名捺印した。

四月一二日、午前九時から偕行社で土地価格協定委員会が開かれた。「承諾書」第二条を受けての協定委員会である。

一週間で終わる

中野村・小島村長、中野・小梶甚三郎区長、委員六名が出席、玉緒の鳥越村長や土地委員たちも出席した。軍からは、山口忠雄大佐、木村大尉、紺藤中尉および軍属数名、立会人として地方事務所長、憲兵隊長、警察署長が出席した。まったくものものしい「土地価格協定委員会」であった。

このとき軍から示された土地価格は、墓地・宅地が一坪十五円、田地一反千五十四円（最上等級）、畑地一反六百七十八円六十銭などで、麦畑・レンゲ畑・タバコ畑、さらに肥溜から地蔵尊に至るまで別に補償料が支払われることになっていた。

この提示価格は、土地所有者たちにとっては予想していたよりも好条件であったらしい。小梶甚三郎さんは「飛行場拡張記録」のなかで、「軍ノ好意アル所ヲ早ク示サレタルナランニハ、カク紛議ヲ免カレタランニ、惜ムベキコトナリ」と記して軍部への批判を匂わせている。

いくら戦時下とはいえ、肝心の買収価格を提示しないまま「承諾書に印鑑を捺せ」はあまりにも乱暴であり、土地所有者が一定の抵抗をしたのは当然であろう。

とにかく飛行場拡張にともなう用地買収は、軍の申し入れからわずか一週間ですべてが解決したのであった。

わずか四か月で墓地移転

小梶甚三郎氏「墓地移転記録」

かつて沖野には、旧八日市町をはじめ、旧建部《たてべ》村、旧中野村大字中野・大字今崎などの墓地があった。それらが、陸軍飛行場を拡張するため昭和一九年にそれぞれ移転させられることになった。

大字中野、今崎共同墓地の移転経緯を記録した文書が残っていた。『墓地移転記録』(昭和一九年一二月、大字中野)である。当時、大字中野区長をつとめていた小梶甚三郎さんが記したもので、この『墓地移転記録』は現在、自治会持ち回り文書になっている。平成一九年度は小梶浩治さん(東中野町)の管理下にあったが、それを見せていただくことが出来た。

この「記録」をもとに、陸軍飛行場拡張のために行われた墓地移転の状況を紹介する。

発端

昭和一九年は、日本の敗色が濃くなってきた年である。一月から二月にかけ、米軍はニューギニア島やマーシャル諸島に上陸し、日本本土攻撃の足場を着々と築きつつあった。

航空戦が重視され、航空機種は多様化しつつあった。防衛省防衛研究所戦史部（東京都目黒区）に保管された『八日市飛行場記録』（昭和一九年四月二〇日調製）には、「戦隊本然ノ目的達成ノタメニハ、飛行場狭隘ニ過グルノ感アリ。南部竝《ならび》ニ東南部ニ拡張ヲ要ス」との記述がある。

このようななかで、八日市飛行場を管轄する岐阜飛行師団から中野村役場に、飛行場拡張についての会議に出席するよう通知が届いた。

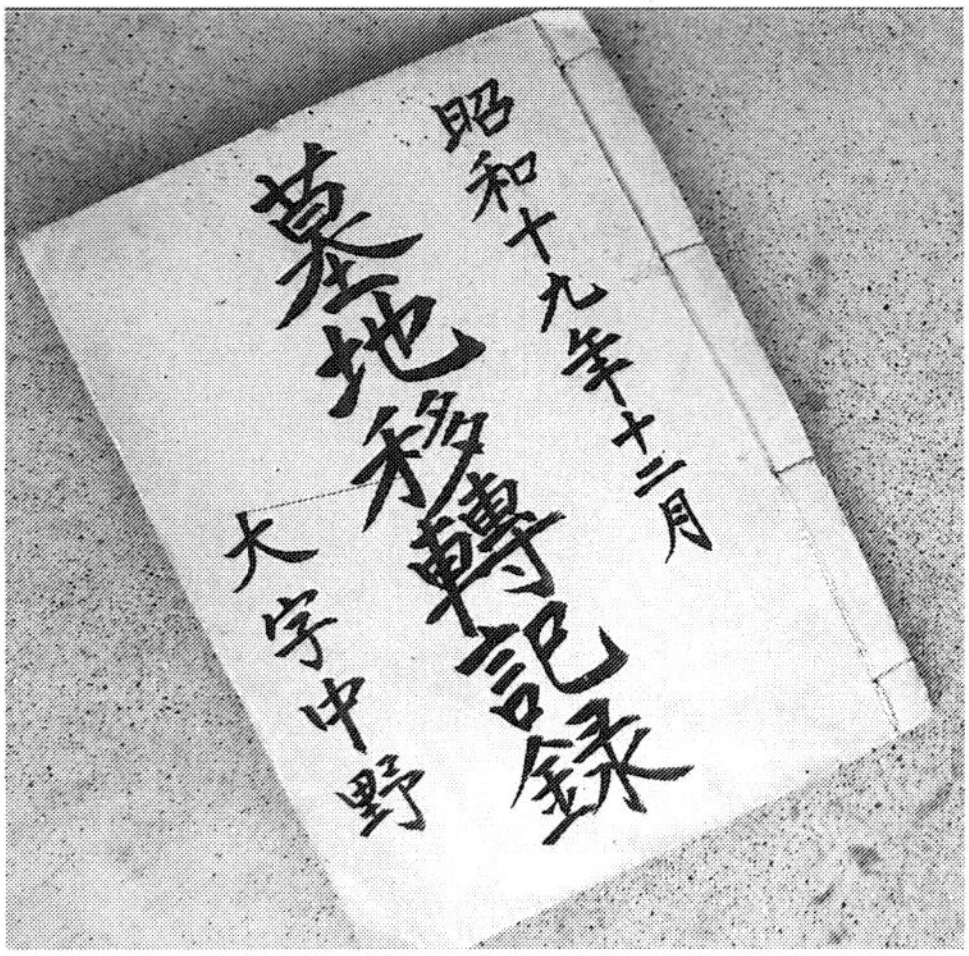

『墓地移転記録』表紙

『墓地移転記録』によると、その日は昭和一九年四月六日であった。午後二時に、八日市陸軍偕行社（陸軍将校用の施設、現在の近江バス八日市営業所付近）に集まれということであった。

会場には、中野村のほか今崎、今堀、玉緒の各村と八日市町の関係者が出席していた。岐阜飛行師団経理部長の山口大佐が挨拶をした。

山口大佐は、飛行場を拡張しなければならない理由を説明し、墓地移転の件を「快諾してくれるように」と要請した。出席者一同は「諒として」引き取った。

当時は、住民側の事情を主張できる状況ではなかったし、軍の要望に反対するなど考えも及ばなかった。

中野村では、二日後の四月八日に、組総代を招集し村中総会を開催した。総会で全員に陸軍からの説明を伝え、「墓地移転もまたやむを得ない」と了解を得て、五名の墓地委員を選出した。

移転料、三万六千六百二十円也

四月一一日、中野村墓地委員は委員会を開き「墓地移転に必要な経費概算」を調査した。

四月一二日、ふたたび偕行社で会議が持たれた。「飛行場敷地賠償価格協定委員会」である。中野村からも、小梶甚三郎区長が出席した。

「うん」も「すん」もない状態で、移転の話が出て早くも六日目に、賠償価格にまで話が進んだのである。軍が提示したのは一坪十五円で、そのとおり決定された。

四月一三日、山口大佐が中野神社社務所に来着して、中野、今崎両村の墓地委員と墓地に関しての共同折衝が行われたが、それは形ばかりで、そのとき「墓地移転料協定書」が締結された。協定の相手は、「岐阜飛行師団経理部八日市出張所長、陸軍主計大尉木村忠篤」であった。中野村は「村長小島助治郎」である。

当時の沖野の墓地は中野、今崎の共用となっていて、全部で四百四十四基（埋葬者九百三十六人）

であった。

協定による墓地移転料は三万六千六百二十円（全戸分）で、ほかに墓地内の井戸移転料として百五十円が支払われることになった。

前記の移転料には、六体地蔵（移転料百二十円）・龕《がんぜんどう》前堂（同千九百二十円）なども含まれ、墓地についてはその規模により特大・大・中・小の四区分がなされ、支払われる額はそれぞれに異なっていた。

中野村では墓地委員会が開かれ、次の二点が主たる検討課題となった。

一つは、移転後の新墓地は「土葬にするか、火葬にするか」ということである。将来のことを考えれば火葬が望ましいが、「土葬止むなし」との結論となった。それは、戦時下で火葬施設建設の資材が不足していたし、燃料の薪や油が調達できないというのがその理由であった。

二つめは、墓地の位置である。当初は小今《こいま》地先や今崎の山林が候補に上がったが地元の承諾が得られなかった。最終的に共同墓地の計画を解消し、大字中野は独自に土地所有者三名の承諾のもと、大字中野七六七の土地（地目・山林）を移転先とすることに決まった。

握り飯を支給

四月二二日、早くも墓地予定地への道路敷地の測量や、山林伐採のための手配が始まった。『墓地移転記録』には記されてはいないものの、このように作業が迅速に進められた背景には、軍部からの強い要請があったからに違いない。

しかし、現実には山林を開き墓地を整備する作業が思うように進捗しない。そのため、委員会は予定地を組単位に区分けし、責任を分担させて工事を進めることにした。それに、作業従事者一人当たり十五円を支給するとともに、毎日午後三時には握り飯（一人あたり米一合）の賄いをする配慮をした。

このようにして、一九年五月末には、早くも掘りおこした根株の処分から地ならしまで終わり、各戸への墓地の割り当てまでが終了した。所要人夫は延べ九百九十六人であったと記されている。

墓地移転の要請があったのは四月六日。二か月も経たないうちに、かくばかり事業が進んだのである。軍部からの圧力の強さが想像されるというものである。

開眼式に署長が出席

七月二九日、開眼式《かいげんしき》が行われた。名号石に向かって祭壇を設け、正面に紅白の鏡餅、両側に手製のパン、菓子、馬鈴薯、唐なす、茄子、生け花一対が飾られた。来賓として、滋賀県警務課渡辺警部補、岐阜飛行師団経理部八日市出張所紺藤所長、八日市警察署宮ノ前署長らが列席した。

岐阜飛行師団関係の出席は当然であるが、警察関係者が臨席していた理由は、墓地改葬の申請先ならびに許認可権をもっていたのが八日市警察署長であったためらしい。

墓地管理者である小梶甚三郎さんは、開眼式場で「生者必滅会者定離は社会の法則にして仏典の示すところなり。しこうして滅者の亡骸を埋め霊を祀り魂の冥福を祈るは、人道の大本なり。これ墓地経営の必要なる所以なり。当村大字中野字沖野にありし墓地は、陸軍用地に編入され、移転の止むなきに至る。よって現在の地を相し、地主各位の快諾を得、云々」と式辞を述べた。

けれども、これで墓地移転のすべてが終わったわけではない。旧墓地にあった礼拝堂や龕前堂《がんぜんどう》を移転しなければならなかったし、新墓地の周囲整備事業もまだまだ必要であった。

砂利がない

龕前堂は、間口四間、奥行き六間で今崎との共有物であった。協議の結果、建物を解体し、その三分の一を今崎側が持ち帰ることになった。しかし、戦時下のため解体と再建工事を進める大工が見つからなかった。また、龕前堂の基礎に使うコンクリートは、飛行師団経理部から支給される手はずであったが、物資不足でずるずる遅れるばかりであった。

ようやく昭和二〇年四月になって経理部から、「セメント二十四袋を交付するので御園駅（湖南鉄道）まで取りに来るように」との通知があった。墓地委員四名が受け取りにいったが、『墓地移転記録』に運搬手段までは明記されていない。当時のことだからたぶん、大八車を引っ張っていったのだろう。

セメントだけではコンクリートは打てない。当然、砂利が必要である。墓地委員は愛知川の砂利を手に入れようとしたが、「戦時労役法」というものがあり、戦時目的以外の労働に従事すると違反になるからと、引き受ける者が出なかった。軍部の意向で必要となった砂利採取であるにもかかわらず、「戦時目的以外の労働」というのは不条理である。

小梶甚三郎氏は、そのことを力説したらしい。その結果、やっと人夫を確保することはできたものの、その男も一日の労働を終えてから砂利採取に従事するので、作業がなかなかはかどらない。そうこうするうちに梅雨時期に入り、愛知川には水が出てしまい砂利の引き上げが不可能になった。

龕前堂のコンクリート打ちが完了したのは、終戦後の昭和二〇年一〇月六日であった。

現在の中野墓地

揚水施設が限界線に

小梶浩治さんが、父親の醇一さんから聞いた話によると、軍部の当初の飛行場拡張計画は、集落のごく近くまでに及ぶものであったそうである。しかし、そのころ、中野と今崎の集落東側には水田灌漑用の揚水施設が三か所あり、農民から「池を潰したら、稲作ができなくなる」と強い申し入れがあったとのことである。当時、食糧増産は国家の大目標であっただけに、軍部もこの声には勝てず、拡張計画を縮小せざるを得なかった。三か所の揚水施設とは、東近江市社会福祉センターハートピア近くのもの（今崎、現存）、商業施設ビアゴ近くのもの（中野、現存しない）、小梶信治宅近くのもの（中野、現存しない）である。

また、蛇砂川水路付け替えのときも、芝原集落の揚水施設があった場所だけは拡張範囲から免れたと聞く。

陸軍も手が出せなかった揚水場

百五十メートルの集水用トンネル

飛行場の南辺を蛇砂川が流れている。陸軍は徴用労務者、朝鮮半島出身の労務者らを使い、飛行場拡張のため蛇砂川を南に押し下げる計画をたてた。飛行場の周囲には、昭和初期に開墾された水田があったが、陸軍はこれらも飛行場の範囲に取り込んだのである。

蛇砂川沿いに玉緒村大字芝原（現在、東近江市）の揚水機場があった。この揚水機場は一九三〇年代につくられ、約五十町歩の広大な水田をうるおしていた。灌漑面積が広いため一般的な揚水ポンプをしのぐ二十馬力ポンプがすえられ、百五十メートルの集水用地下トンネルが掘られていた。「いくら飛行場の拡張が大事でも、この揚水機場を潰したら芝原の水田が全滅する」という農民の声を、さすがの陸軍も無視できなかった。結局、芝原揚水機場の地点で、蛇砂川は「く」の字型に大きくカーブさせることになった。

戦後、飛行場用地に接収された土地は返還された。しかし、川原のように荒れ果てていたので、ふたたび開墾のやり直しが行われた。

平和橋と命名

昭和三二年、土地改良事業にともない、芝原揚水機場近くの蛇砂川に橋が架けられた。陸軍の圧力にも屈せずに残された揚水機場や、開墾を二度も繰り返さねばならなかった人々の営為努力を後世に語り継ぐべく、広島市の平和大橋にならって「平和橋」と名づけられた。広島の平和大橋はイサム・ノグチの設計で、欄干《らんかん》の末端がせり上がり、日輪がデザインされている。それにあやかり、平和橋にも欄干に日輪のモニュメントが取り付けられた。のちに改修工事があったので、現在の平和橋は二代目であるが、日輪のマークが初代平和橋の面影を残している。

現在の平和橋

広島の平和記念公園沿いの元安川に架かっている平和大橋は、延長八十六メートル、幅十五メートル、片側二車線の大きな橋である。一方、芝原の平和橋は延長十二メートル、幅四メートル、水田地帯のささやかな小さな橋でしかない。しかし、「再び戦争を繰り返さないという平和の願い」（芝原・平和橋の説明板）は、橋の大小に関係なく変わりがない。

中部第九十四部隊と第九十八部隊

九十四部隊の構成

陸軍八日市飛行場に駐屯した部隊でよく知られているのは、中部第九十四部隊（第四教育飛行連隊）と中部第九十八部隊（第八航空教育隊）である。

昭和一七年一〇月から二〇年三月まで、中部第九十四部隊に所属していた塚本哲さん（故人、栄町、明治四三年生まれ）から同部隊の話をお聞きした。

塚本さんは千葉県の生まれで、昭和六年に現役で千葉の砲兵連隊に入隊し、その後、改めて陸軍経理学校に入校。それ以後は、主として経理担当の将校として北海道、北満州チチハル、ソウルさらにラバウルと転戦。そして、昭和一七年一〇月、浜松航空教育隊から八日市の中部第九十四部隊（第四教育飛行連隊）に着任した。

中部第九十四部隊は飛行操縦士を教育することを目的とし、当時は次のような構成となっていたそうである。

航空第三大隊開隊時の営門と兵舎

連隊本部
第一教育中隊
第二教育中隊
整備隊
連隊本部は下士官（曹長、軍曹、伍長）以上のもので構成され、各中隊は五十名程度からなっていた。隊員は、少年飛行兵学校、陸軍士官学校、大学などを卒業した人たちで、整備隊は二つの中隊の飛行訓練を支える任務をもち、数百名が所属していた。

「ずいぶん恨まれていたと思う」

飛行場には格納庫が四棟あり、その北東部に飛行指揮所（ピット）があった。ピットは二階建てで、二階からは飛行場全体が見渡せた。

八日市飛行場では風向きの関係で、普通、南（玉緒側）から北（御園方面）または北西（市街地あるいは中野方面）

に向けて飛んだ。練習機がしばしば離陸に失敗し、飛行場と八風街道の間にある高さ一メートルあまりの土手に突き当たることもあった。冬になると八日市飛行場は雪が降るので、菊池飛行場（熊本県）や浜松飛行場（静岡県）へ転地演習に出向いたという。三、四週間くらいの泊まりがけで、双発練習機十機くらいに皆が分乗して赴くという大々的な演習であった。

飛行機が大型化したうえ、部隊も増えて手狭になったので、昭和一九年から飛行場の拡張工事がはじめられた。近在住民、勤労動員の中学生、さらに朝鮮半島出身の人たちも工事に動員されていた。工事区域は玉緒村尻無、柴原南、芝原の田んぼが大半で、中野や御園の土地も若干含まれていた。買収にあたっては、土地所有者が何か文句でも言おうものなら、「国に協力しないのか」と怒鳴られてしまう時勢だったから、「ずいぶん恨まれていたと思う」と塚本さんは述懐していた。

丸腰の空輸作戦

昭和一九年初期に、中部第九十四部隊は第四教育飛行隊となった。昭和二〇年当時は、中部第九十四部隊（第四教育飛行隊）と中部第九十八部隊（第八航空教育隊）が設置されていた。当時、第一区隊長であった東郷八郎さん（東京在住）から九十四部隊の話を聞いた。

中部第九十四部隊は塩田要中佐を部隊長として、第一区隊、第二区隊および整備隊があった。隊員数七百二十一名（将校九十名、見習士官・準士官・下士官二百三十名、兵四百一名）で、配備されていた飛行機は、「九八式軽爆撃機」「一式双発練習機」「九九式襲撃機」「九九式双発軽爆撃機」「二式双発複座戦闘機（屠龍《とりゅう》）」などであった。

昭和一九年一一月、飛行場から東郷大尉の指揮する一式双発練習機十五機が、沖縄、台湾を経由

中部第九十四部隊営門

国道 421 号線営門跡に立つ「正門跡」の碑

陸軍八日市飛行場格納庫

してフィリピン・マニラのクラークフィールド基地へ飛び立った。このころはレイテ決戦の最中で、二十日間にわたり兵員と武器の空輸（比島空輸作戦）にあたったのである。一式練習機は機関銃などの装備がない丸腰の飛行機で、隊員たちは冲原《おきはら》神社で水杯をかわしてから出発した。任務を果たし、幸い全員が無事帰還した。

昭和一九年末から二〇年二月にかけて、二式複座戦闘機六機が配備され、「八日市臨時防空戦闘隊」が編成された。琵琶湖を目標に名古屋、大阪方面に来襲するB29を邀撃《ようげき》するのが任務であった。しかし、同機は超高度での戦闘に適せず、機関銃が凍結し発射不能となったり、プロペラが停止するなどのアクシデントが続き、これという戦果を上げることは出来なかったという。

第四教育飛行隊は、昭和二〇年三月、埼玉県の児玉飛行場へ移動した。その後、いくつかの飛行戦隊が転進してきた。それらの飛行戦隊は浜松から加古川辺りまでの範囲をカバーする任務を持ち、八日市は本土決戦に向けての、文字どおり第一線基地となったのであった。

サハリンで猛訓練

昭和一〇年代の初頭、八日市飛行第三連隊は連隊長名を冠して「矢内部隊」とよばれるようになった。中国戦線の拡大とともに、全国の航空部隊は北部、東部、中部、西部に分けられることになった。各部隊はその四つの区分の下に数字をつけて部隊名とした。八日市の矢内部隊は、中部第九十三部隊と改称され、ついで中部第九十四部隊となった。

満州の牡丹江《ぼたんこう》から八日市に移駐してきた第八航空教育隊は、中部第九十八部隊となった。

昭和一五年、八日市飛行場の飛行第三連隊に「飛行第三戦隊」が編成された。この飛行第三戦隊の悲劇が、同戦隊長高木茂夫少佐を偲ぶ図書（実弟、高木秀雄氏編集）に紹介されているので、以下に抄録する。

高木茂夫さん（大正八年生まれ）は、大垣市の出身である。県立大垣中学校から陸軍予科士官学校をへて昭和一三年に陸軍航空士官学校に入校した。昭和一五年、少尉に任官、八日市の飛行第三戦隊に配属され、翌年中尉に進級した。

昭和一七年二月、陸軍八日市飛行場の飛行第三戦隊は樺太（サハリン）の豊岡に出発した。ソ連と接する国境の空の護りが直接の任務であったが、新鋭機・九九式双発軽爆撃機による、地上軍や艦船に対する急降下爆撃の訓練がもう一つの目的であった。昭和一八年、高木中尉は飛行第三戦隊中隊長に任ぜられるとともに大尉に進級した。

懐かしの八日市へ

昭和一九年、日本の劣勢がいっそう明らかになった。

二月、米軍はトラック島を猛爆し、マーシャル諸島への攻勢をつよめる。六月のマリアナ沖海戦では、日米の機動部隊が対決し、日本の連合艦隊が壊滅した。七月には、サイパン島約三万名の守備隊が玉砕。大本営は七月二四日、「米軍主力の進攻に対し決戦を挑み」、戦局を転換するとの「捷《しょう》」号決戦方針を定めた。

このような状況のなかでの六月初旬、飛行第三戦隊の九九式双発軽爆撃機二十二機は、樺太から各務原を経由し原隊の八日市飛行場に戻って来た。しかし、同戦隊が八日市にとどまったのは十日ほどに過ぎなかった。六月三〇日に宮崎へ出発、八月初旬には沖縄・嘉手納《かでな》基地に進出して、「跳飛弾攻撃（夜間あるいは払暁に超低空で敵艦に接近、艦船の横腹を爆撃する戦法）」の訓練を重ねた。

昭和一九年一〇月一八日、マッカーサー大将率いる大船団が暴風雨をつきレイテ湾に進入、大本営は「捷一号作戦」を発令する。

全機、帰還せず

一〇月初旬、飛行第三戦隊はすでに台湾に進出していたが、捷一号作戦下命により、一〇月二〇日、フィリピンのクラーク南飛行場に、さらに二二日、マニラ南方のリパ飛行場に前進した。

レイテ決戦の幕が切って落とされた。

一〇月二三日夜の作戦会議で、飛行第三戦隊高木戦隊長は、敵機動隊への未明の攻撃を提案したが、全部隊が同時に出撃する「統一攻撃」という決定がなされた。午前八時三十分、高木戦隊長ひきいる第三戦隊は、レイテ航空決戦に飛び立った。しかし、離陸時のトラブルにより、味方の護衛戦闘機と合流することが出来ぬまま前線に向かった。

飛行第三戦隊を待ち受けていたのは、グラマン戦闘機群の奇襲と艦船からの猛烈な砲火であった。訓練を重ねた「跳飛弾攻撃」の技量も十分発揮することがかなわず、僚機が次々と海中に没していく。

高木戦隊長は、「わが全機、湾頭、敵艦船に突入す」と打電し、みずからも米艦船に特攻攻撃を敢行し南海に散っていったという。

中部第九十八部隊

総勢五千名を越える

八日市飛行場の第八航空教育隊は、飛行機の整備を行う航空兵を養成、訓練していた。昭和一九年四月に特別幹部候補生として入隊した姫野尚志さん（熊本県人吉《ひとよし》市）によると、第八航空教育隊の構成は次のとおりであった。

部隊長　佐藤信介中佐
第一中隊（九九式偵察機の整備）
第二中隊（一式戦闘機の整備）
第三中隊（九八式直接協同偵察機の整備）
第四中隊（九九式双発軽爆撃機の整備）
第五中隊（九七式重爆撃機の整備）
第六中隊（自動車整備関係）

第七中隊（電機整備関係）
第八中隊（航空写真関係＝写真撮影、地図作成）
第九中隊（武装関係＝機関銃、機関砲の装備）

ひとつの中隊は十班編成で、一班は二十五名から三十名であった。全体で二千五百名から二千七百名程度が在隊していた。

沓名《くつな》久三さん（故人、中尉として在隊）の話では、第八航空教育隊（九十八部隊）は、昭和二〇年に入ると、毎月兵隊が入営するようになり、一個中隊の人員は五百名になったという。総数五千名余の大所帯である。兵舎は当初は一段棚（ベッド）であったが、増員に対応するため二段棚に改造された。第八航空教育隊の敷地面積は約六万平方メートルであったという。部隊では一週間から十日くらいの割合で飛行大隊（百二十名から百六十名）が編成され、次々と南方に派遣されていった。

部隊の疎開

昭和一九年夏ごろから、部隊は飛行場周辺部に分散されるようになった。沓名さんの属する中隊は押立《おしたて》国民学校に移駐した。布引山麓の八坂神社（東近江市尻無町）横にも、兵舎が建てられた。その建材は、九十八部隊の兵舎を間引きして出た廃材を利用したものであった。

布引丘陵を中心に「三角兵舎」がつくられていた。三角兵舎は、知覧特攻基地などに多数あり、出撃命令を待つ間、兵士が数日を過ごす建物としてよく知られている。

その名のとおり、三角型の屋根だけで壁面がない。屋根の周囲に雨水を流す溝が彫られる。棟の前後から出入りをする。内部は真ん中に通路があり、その両側に「簀《す》の子《こ》台」がおかれ、藁布団《わらふとん》が敷いてあった。三角兵舎は材木が少なくてすみ、本格的な技術をもった職人がいなくても建設可能であった（荻須憲一さんの話）。下二俣《しもふたまた》町北西の田んぼのなかにつくられているのを見た人（中川三治郎さん）や、復員後、布引丘陵のなかでその残骸を見た人（岩崎宗司さん、大森町）がいる。

昭和一八年ごろ、飛行場拡張のために、蛇砂川の流れを変える工事が行われた。この工事には、近在住民や勤労奉仕の八日市中学校生徒、それに多くの朝鮮半島の人々が従事した。道具はつるしや鍬《くわ》などであったから、工事は予定より遅れた（塚本哲さんの話）。

飛行機が大型化していった影響で、離陸後すぐに高度が上がらなくなり、周辺の高木が障害となっていった。今堀《いまぼり》、今崎《いまさき》の日吉神社の杉の木は、昭和一九年に大半が伐採された。現在ある両神社の杉は、すべて戦後に植えられたものである（今崎町、藤沢伊三郎さんの話）。

飛行機の墜落事故もあった。

山田利治さん（尻無町、昭和一一年生まれ）は、小学二年のとき、布引丘陵の山頂のあたり、ハイカイ坂に飛行機が墜落したことを祖父から聞き、現地を見にいったという。昭和一九年ころのことである。大きな袋と飛行靴を手に下山してくる兵隊に出会ったが、そこから先へいくのは禁止された。

後日、現場に登ったら松林が茶色く焼けこげていた。

尻無町と下二俣町の間の、梅の木に引っ掛かり墜落した飛行機もあったという。

掩体壕築造と航空機の避難

飛行隊の各種施設の分散化は、昭和一九年春ごろからはじめられた。武久梅吉さん（尻無町）の見聞によれば、次のとおりである。

昭和一九年ごろ、陸軍は百人から百五十人くらいの人を集め、布引山山麓に、飛行機の掩体壕《えんたいごう》と誘導路づくりをしていた。徴用で集められた人たちは、玉緒国民学校講堂で寝泊まりしていた。また、愛知、蒲生、神崎、甲賀《こうか》各郡からの、三百人から四百人くらいが勤労奉仕で誘導路づくりに従事した。この工事の親方は西本組（名古屋方面の会社）で、組所属の大工たちは尻無の会議所に寝泊まりして、兵舎づくり（玉緒、八坂神社の両側）や掩体壕のドームづくりに従事していた。

掩体壕はコンクリート製のものが二か所あったが、多くは「コ」の字の形に土手（堤）をつくり、上に木枠を組み、偽装網をかぶせた簡単なものであった。鉄筋コンクリート製のものは、先にドームをつくり、後でその中の土を取り除くという段取りだったらしい。だが、完成するまでに敗戦を迎え、中の土を全部抜き取らないままに中断した（武村友幸さん、柴原南町）。

戦後、掩体壕の鉄筋を抜き取って使おうとした人もあったそうである。だが、鉄筋が細く使い物にならなかったという（浅野清一郎さん、柴原南町）。

中川三治郎さん（東本町、当時は航空分廠見習工）の記憶によると、飛行機は布引山麓や飛行場周辺の松林をはじめ、現在の長森《ながもり》住宅付近、愛知川畔（妙法寺町、中小路町）、御園町付近（如来から山上）、蛇溝町地蔵堂付近の山林内にも隠してあったという。長森までの誘導路を造成するため、中野郵便局南側の民家二戸が壊されたという。

藤沢喜八郎さん（石谷町、昭和一三年生まれ）の記憶では、藤ノ森の山林に「飛燕《ひえん》」数機が隠してあったという。機体には伐採した木の枝や偽装網がかぶせてあった。飛行場から藤ノ森までは直線距離でも約五キロメートルもある。当時の八風街道は幅員が狭く両側には松林が迫っていたから、飛行機を牽引することが出来ない。あらかじめ主翼を分解してから運搬したのかもしれない。

戦後、玉緒村の西沢村長が伊勢の漁民と交渉し、機体にかけられていた偽装網を魚と交換して、村民に魚を配ったという話も残っている。

誘導路は、戦後になってから返還されたが、地主は田んぼに戻すのに難渋したそうである。下二俣墓地近くに残されたわずかな土盛りが、当時の誘導路の唯一の痕跡である。

中川三治郎さんは、練習機の胴体を牛にひかせ、愛知川の酒屋の倉庫まで運搬したこともあった。運搬先は、醸造する原料米がなくなり休業中の岡村酒造の倉庫であった。当時、酒造会社の多くは稼動できず、その空き蔵が軍需物資の倉庫に転用された。東近江市小脇町、畑酒造の蔵は軍用の干し草倉庫に転用されたし、五個荘小幡《おばた》の中沢酒造の蔵には多量の軍隊の麦が運びこまれていた。瓢簞《ひょうたん》小路の野矢米穀店（八日市金屋）の倉庫には、医療器具多数が運びこまれ、戦後そのまま放置されたので困惑されていたとのことである（荻須憲一さん）。

無線誘導弾を開発

昭和一七年ごろから、板屋旅館（本町）三階に、陸軍航空審査部が設置された。同旅館、北岸正次さんの話では、窓からアンテナを出し、飛行中の航空機と無線で交信していたという。多いときは十四、五名の部員が宿泊していた。飛行試験の結果を各務原に報告する任務を持っていたらしい。

東山修二さん（新潟県）の話によると、この航空審査部（飛行実験部）では、琵琶湖の「沖の白《しら》石《いし》」を実験標的にして、終戦直前まで無線誘導弾イ号一型乙の開発に従事していたとのことである。実験室は沖原神社と格納庫の間にあったという。

八日市中学校から学徒動員として部隊に派遣され池田圭三さんは、飛行場格納庫内で、九九式軽爆撃機に誘導弾イ号一型乙を懸垂する作業に従事していた。

昭和一九年には、陸軍航空隊が兵員だけでも二十名は乗れるという大型グライダー（「ク八」）を使っての兵員、機材輸送計画を立てた。そのための訓練部隊が編成され、八日市飛行場が練習場に選ばれた。二〇年三月から訓練がはじまり、指導教官らは魚民《うおたみ》旅館（札の辻）で宿泊し、四十数名の訓練生は偕行社に泊まっていた（奥村昭一さん、札の辻）。

終戦前には空襲などによって、グライダーの訓練は事実上不可能となり、グライダー曳航《えいこう》用の重爆撃機も、艦載機の銃撃で破壊されてしまった（小田勇氏『翼よ、わが命』）。

軍需物資の分散貯蔵

軍需物資は、分散して貯蔵されていた。

ガソリンの入ったドラム缶が、布引山をはじめ押立神社（東近江市北菩提寺町）や建部神社（五個《ご か》荘《しょう》伊野部《いのべ》町）、愛知川河畔の山林（現在、パナホーム工場、アヤハディオが立地）などに隠された。愛知川河畔の燃料置き場には、昼夜をわかたず歩哨《ほしょう》（要所に立って警戒・監視にあたる兵）が立っていた（小林誠一郎さん）。

「ガソリンを運ぶのにガソリンを使うのはもったいない」との理由で、運搬には馬車が使われた（塚本哲さん、当時、経理部大尉）。

押立神社には落下傘が集積されてあり（林豊一さん）、高射砲もあった（加藤久吉さん）。白鳥神社（東近江市石谷町）には飛行機エンジンの起動用自動車数台が隠してあった（藤沢喜八郎さん）。

昭和二〇年はじめ、鈴、鋳物師（東近江市）の山すそに、工兵隊が中心になって何本かの洞窟を掘りはじめた。付近の住民も順番制で作業に出ることになった。当時、青年団員であった北岸善一さん（上羽田町）は、トンネルの枠にする丸太運搬に従事した。トンネル内には、飛行機のタイヤなどが隠された。戦後、洞窟に入って、使用された木材を取ろうとした人が、土砂崩れで圧死するという事故があった。

木製の偽装飛行機

昭和二〇年五月、八日市をはじめ近隣の国民学校（現在の小学校）に、木製の偽装飛行機を製作するように、軍からの依頼があった。本物の飛行機は山林に隠し、偽装機を飛行場にならべ敵の目をあざむこうという作戦である。

学校日誌をもとに編集された『平田国民学校五十年史』（村井茂一編）には次の記事がある。「昭和二〇年五月二三日、本日より、八日市飛行隊依頼の偽装飛行機三台製作に着手す」「同年六月二六日、製作中の飛行機二機完了し、馬車にて飛行隊に納付す」。

当時、同校高等科二年生であった北岸善一さんたちが、馬の手綱を持ち、馬車を引っ張って飛行場までいった。

八日市国民学校では、高等科の生徒がリヤカーで飛行場まで兵舎の廃材をもらいにいき、深尾儀三郎先生が器用に設計図を引いた。雨天体操場で製作がはじまり、数人の先生と高学年の児童が作業に従事した。だが、八日市国民学校の木製飛行機は完成せぬまま敗戦を迎えたという（加藤実さん、当時は国民学校教師)。

七月二四日、二五日と八日市飛行場への空襲があった。飛行場にならべてあった偽装飛行機は爆破され、あるいは機銃掃射を受けたそうである(中川三治郎さん)。

小学校校舎への兵舎疎開

特攻隊や飛行戦隊のほかに、多くの兵隊が八日市周辺の学校などに駐屯していた。

『平田国民学校五十年史』昭和二〇年七月三一日の記事には「本日より、九十八部隊、本校に疎開宿泊す」とある。その平田地区には、二〇年春ごろから、休耕地にジャガイモづくりをする兵隊があらわれた。藷《いも》からアルコールをとろうとしているのだといわれた。

同じころ、徳昌寺に八日市飛行隊の通信隊が疎開して来た。アンテナは平田国民学校の大屋根に設置してあり、徳昌寺本堂まで電線が引っ張ってあった(以上、上羽田町・久田兼一さん他の座談会による)。羽田神社を宿舎にした一隊もあり、順番に集落の家の風呂をもらいに来ていた(内堀甚一郎さん、上羽田町)。

現在の東近江市大萩町(大萩団地)の山林を開墾し、やはりジャガイモを植えつける一隊もあった(脇坂金五郎さん、旧愛東町)。平田の場合とあわせ、地元の人たちはこれらの兵隊を「イモ兵」とあだ名していた。

西小椋《にしおぐら》国民学校に駐留した兵隊たちは、愛知川で石灰を流してアユを捕まえ、腹の足しにしていた（奥村鮎子さん、中小路《なこうじ》町）。

昭和二〇年七月、日野国民学校の低学年用南校舎にも、浜松第五五四部隊（航測連隊）が駐屯していた。これは、浜松で連日の爆撃や艦砲射撃にさらされ、八日市に避難してきたもので、綿向《わたむき》山には、何か軍隊の大切なものが隠されているとの噂が立った。それが何なのかは今もわからないまとなっている（『子どもたちの太平洋戦争』近江日野商人館刊）。

分廠の疎開

八日市飛行隊と密接不可分の関係にあった大阪航空廠《しょう》八日市分廠の諸施設や、陸軍気象部八日市測候所なども、戦局の激化に伴い、湖東地方の各所に分散された。現在の近江八幡市安土総合庁舎がある竜石山にトンネルが掘られ、分廠の旋盤など機械類が運び込まれた。八日市測候所では男子の技術要員が不足し、女子挺身隊員を多数採用した。その養成所として天理教八日市大教会が使用された。湖東地区の料理屋「ちちや」に気圧計が移動された（植田鉄一さん）。

八日市防衛隊の編成

昭和一九年秋、八日市防衛隊が編成された。八日市飛行場を防衛するのが任務で、在郷軍人会所属の隊員たちが中心である。

松下稽諒さん（野口町）は、昭和一九年九月に防衛召集を受け、中部四一八一部隊に籍をおくことになった。空襲警報が鳴ると、どこにいてもすぐに竹槍をもち若宮神社（市辺町）に集合することになっていた。河桁御河辺《かわけたみかべ》神社境内で行われた竹槍訓練にも参加した。

日永源吉さん（大森町）の場合は、空襲警報で八日市飛行場へ駆けつけることになっていた。警報で家を出ると、もう敵機が来襲していて、野良道では身を隠す場所がなく、恐ろしい思いをしたこともあった。飛行場では、スコップをもち、爆撃の跡の穴埋め作業に従事した。

小梶勇三さん（中野町）は、昭和一九年一〇月三日付の防衛召集であった。やはり、警報のたびに、八日市飛行場に集合することになっていた。

八日市防衛隊は、米軍の落下傘部隊が飛行場に降下してくる場合を想定し組織されたものだという（中川三治郎さん、八日市東本町）。八日市国民学校講堂の右奥にあった貴賓室に事務所があり、下士官が一人詰めていたとのことである。

谷浩さん（八日市東本町）の話では、八日市幼稚園の講堂が本部になっていて、辻孫太郎大尉が隊長であったともいわれる。八日市中学校（現在の高校）の講堂には、他の地区から防衛召集を受けた年配の人たちが多数寝泊まりしていて、訓練を受けつつ運動場でサツマイモづくりをしていたそうである。

陸軍の関係施設

正気荘

招福楼《しょうふくろう》（八日市本町）は、飛行隊の将校がよく遊びに来た。のちにレイテ湾に出撃した中部第九十三部隊第三中隊長秀寛三中尉（あるいは大尉）もその一人であった。が、その招福楼も、昭和一九年ごろ、軍の要請を受け九十八部隊の将校宿舎となった。名前も「正気荘」と変わった。

中村秀敏さん（元招福楼専務）のお母さんやお姉さんが、軍属として将校たちの食事の世話をした。正気荘になる少し前、特攻隊長とその新妻が数日、招福楼で暮らしたことがあった。ある将官が特攻出撃の決まった隊長に、自分の娘を娶《めと》らせたのであった。結婚式を招福楼であげたあとで出撃したという。

八紘荘

八紘荘《はっこうそう》（八日市東本町）は、将校宿舎として昭和一八年に建設された。八紘荘の「八紘」は、当時のスローガン「八紘一宇」（世界を一つの家にする）にちなんだものである。当時、ここへ嫁いだばかりであった松浦しまさん（八日市東本町、大正八年生まれ）の話では、八紘荘は全部で三十二の部屋と、十四畳二間つづきの大きな食堂があったという。

八紘荘に入っていたのは独身の将校たちで、陸軍士官学校五十五期、五十六期の人たちが多かった。女中さん二人を雇い、しまさんや義母を含め四人が食事の世話をしていた。将校一人ひとりには当番兵がついていて、身の回りの世話や部屋の清掃を行っていた。将校たちはだれもが身綺麗で品行もよかった。朝、八紘荘を出るときには、首に羽二重を巻き、温熱用電線の入った飛行服を着ていた。夜中に非常の呼び出しがあるときは、サイドカーが迎えに来た。

将校たちのビールの「肴《さかな》」にするため、しまさんの義父が琵琶湖の魚を調達するなど、いろいろ苦労していた。彼らは義父を「おじいさん、おじいさん」といって慕った。「おじいさん、明日、九州の基地に向かうことになった。八紘荘の上を旋回して飛ぶから見ていてください」といい残し出発した人もいた。

八紘荘の看板

終戦間際になると、かなりの数の特攻隊員が八紘荘に入ってきた。神州暁隊の人たちで六畳一間に四人くらいが寝泊まりしていた。

五個荘金堂町

福永英三さん（長浜市）は、昭和二〇年六月、三重県明野陸軍飛行場から愛機飛燕で八日市飛行場に来た。特攻訓練を重ねるためであった。飛行場の北寄り三分の一くらいの所にテントが張られ、そこが特攻訓練のピット（指揮所）となった。

訓練の内容は、天蓋《てんがい》を閉め操縦席を真っ暗にして、計器のみで正確に目的地に着くというものである。夜間出撃に備えるものであった。隊長機と極端に間隔を詰めて編隊を組む訓練もあった。訓練をはじめる前には、松林の中から誘導路を経て飛燕を飛行場に出し、終了すると再び松林に隠した。福永さんは二宮隊十二名中の一員で、皆で五個荘金堂町の旧家の離れを借り宿舎としていた。特攻隊は、他にもう一隊、西川隊が訓練に励んでいた。出撃命令があれば爆弾を装着し、いつでも出発するという態勢であった。

偕行社

陸軍将校の相互扶助・親睦事業・教育研究活動を行うことを目的として、八風街道沿い（現国道四二一号線・東近江市八日市東本町、近江バス車庫付近）に偕行社の建物があった。

太平洋戦時下では、偕行社に尉官級の軍服の注文生産をおこなう縫製所が置かれた。中島道子さん（大正一四年生まれ）も地元の女性約十名とともに、昭和一八年末ころから偕行社の縫製所で働いていた。緊急出動が命ぜられた将校の軍服など、徹夜で仕上げることもあった。「どこへ行かれるのですか」などと聞くとスパイに疑われるので、「さようなら、また帰ってきてください」というのが精一杯であったという。

縫製作業所はその後、中岸本、神田、大塚（いずれも東近江市）にミシンとともに分散疎開した。偕行社の建物はグライダー部隊の宿舎として利用されていたこともあった（中川三治郎さん）。戦後は八日市高校農業部校舎に利用されたが、孵卵器から出火し焼失した。

京都憲兵分隊八日市分遣所

航空第三大隊の開隊とともに憲兵隊が置かれた。現在の東近江市大凧会館のあたりである。正面に本部があり、左手に隊長官舎、右手に馬小屋があった。

新八日市駅前から人力車に乗った人が、カメラであちらこちらを撮影していた。車夫は「スパイではないか」と怪しみ、乗客をそのまま憲兵隊に連れて行ったという話もある。

終戦後、憲兵隊の建物は、愛知川沿岸土地改良区事務所としてながらく使用された。「陸軍省」と刻まれた境界石（石の四角柱）が三基残る。

陸軍気象部八日市気象観測所

陸軍気象部の本部は東京・中野にあり全国航空隊の各基地に気象観測所があった。八日市気象観測所は昭和一四年に九十四部隊、九十八部隊の中間位置に建築されたが、観測機器が整い、実際に稼働したのは昭和一六年夏であった。二十数名の所員が航空気象の測定作業に従事していたが、昭和二〇年には男子技術員が次々に出征し、愛知川、日野の両女学校を卒業した生徒が補助員に採用された。天理教八日市大教会がこれら気象技術要員の養成所として使用された。『蒲生野』三十二号（平成十二年）に、気象観測所で勤務した岩崎宗司さん（東近江市大森町）の文章がある。

射撃演習場

昭和一七年、布引丘陵平林地区（通称「一の谷」）に射撃演習場がつくられた。戦後、平林地区に払い下げられ、ゴミ処理場などに使用された。九十八部隊から射撃演習場に向かう隊列があったことなど、岩崎つやさん（大森町平尾）が記憶している。平成二六年八月以降の西川善美さんの調査で、全体像がかなり明らかになってきた。

用地買収は昭和一六年七月に行われ（登記簿謄本の記載による）、造成には朝鮮半島の人たちも動員されていたという。民地との境界には「陸軍」と刻まれた境界柱四十六本が打ち込まれていた（うち、二十二本を確認)。演習場は長さ二百メートル、幅七十メートルの長方形で、土塁をはじめコンクリート構造物(縦約二百七十センチ、幅約百五十センチ、深さ約百センチ)六基も残存する。手榴弾投擲訓練用の壕であったとも推定される。

演習場北端にコンクリート造りの監的壕《かんてきごう》(的への命中を確認するための壕)があったという証言はあるが、現在は土砂に埋まり確認は不可能である。

衛戍病院分院

八風街道沿い、営門の西に衛戍《えいじゅ》病院分院があった。医務室には衛生兵三、四名が勤務し大部屋にはベッドが十台ほど置かれていた。のちに位置を移し、国立八日市病院(現国立病院機構東近江総合医療センター)となった。

引接寺の特攻隊

昭和二〇年には、御代参街道筋の引接寺《いんじょうじ》(今崎町、牧野即春住職)に老田部隊が駐屯していた。当時、国民学校の四年生であった牧野住職から、次のような話を聞いた。

引接寺では、兵隊約五十人が境内に仮設の炊事場をつくり、本堂で雑魚寝《ざこね》をしながら生活していた。庫裏《くり》には、部隊長など「えらい人」二人が寝泊まりをし、将校三人も別の部屋に入っていた。時折、憲兵が来た。憲兵は、馬の手綱を境内の松の木にくくりつけてなかに入る。また内緒で、牧野少年にチョコレートをくれることもあった。

ある夜、本堂にいる兵隊のうちの三、四名が、「只今から行ってまいります」と挙手の礼をして出発していった。引接寺から飛行場へ向かう近道があって、その道を兵隊たちは飛行場へ行くのである。三、四人ずつが夜中に出発するという状況は、その後しばらくつづいた。なかには、軍服の袖で涙を拭っていた兵もいた。家の人は、「あの人たちは、特攻隊に出ていかはるんや」とささやいていた。

やがて終戦になった。

老田部隊は、終戦とともに引接寺を撤収した。その後、寺の本堂を掃除したらノミやシラミだらけで、家族みんなが難儀をした。また、本堂の縁の下からはサーベルを含め、ゴボウ剣（兵士が吊す短剣）が五十本ばかり出てきた。

第3章 元航空兵の回想

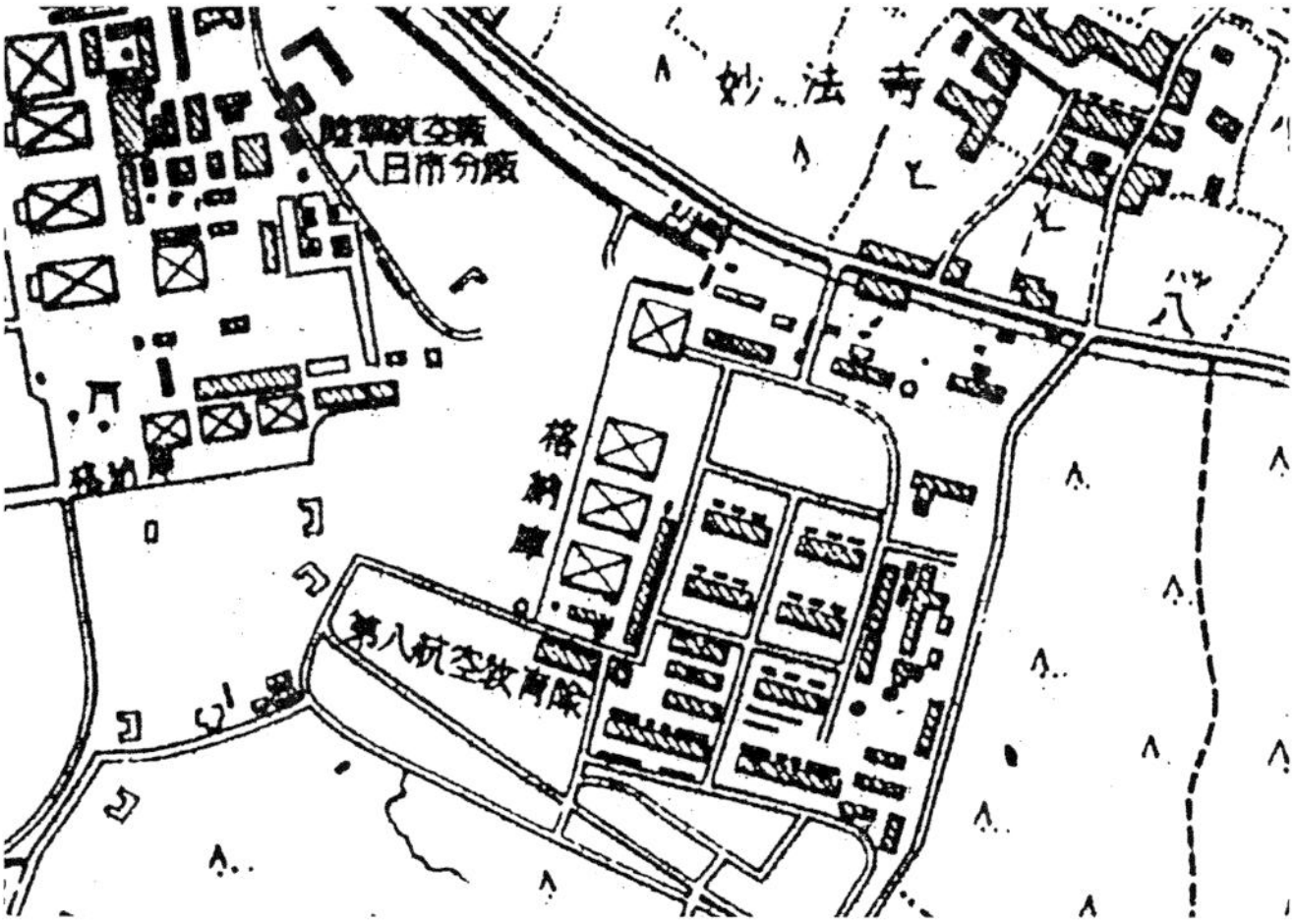

古田久二上等兵の思い出

六十三年ぶりの訪問

東近江市は、古田久二さん（旧姓服部）の「思い出の地」である。初年兵時代に、中部第九十八部隊で半年間を過ごした。所用で名神高速道路八日市インターチェンジ付近を通るたび、「八日市飛行場跡を訪ねてみたい」と思っていたという。

市役所まちづくり推進課中島課長が古田さんからの電話をとったのがきっかけで、六十三年ぶりに、その思い出の地を訪ねて来られ、私が案内役をすることになった。

平成二〇年七月一三日。まだ梅雨はあけていなかったが、それでも梅雨晴れの灼けつくようなつよい陽射しが青田を照りつけていた。能登川博物館で行われていた「平和祈念展」を見学してもらい、そのあと私たちは旧陸軍飛行場跡に向かった。

周辺の風景は当時とすっかり変わっている。飛行場跡に、古田さんの記憶を呼び覚ますべき当時の「物」は、何ひとつなかった。布引丘陵に残るコンクリート掩体壕は、「山裾で何かつくっているらしい」という噂を聞いていた程度であり、巨大なコンクリートドームを見るのもはじめてのことで、大変おどろいていた。沖原神社については、「その存在すら知りません」との話であった。しかしながら徐々に、沖野ヶ原を吹き抜ける風が、古田さんの胸深くに刻まされていたさまざまな軍隊生活の記憶を甦らせたらしい。

八景亭で一泊し入営

古田さんの出身地は岐阜県美濃市である。県立武義《むぎ》中学校を卒業し、立川市の第八陸軍航空技術研究所に軍属として入所した。実際は、軍隊のエリートコースを目指し、陸軍士官学校の試験を受けたが体格で落とされた。「第八陸軍航空技術研究所」は航空医学全般を研究する施設で、航空機要員の適性検査なども行っていた。航空技術研究所には「一研」から「八研」まであり、機体研究・発動機研究などを行う研究所もあったという。古田さんは同所の雇員として働きながら、東京物理学校の夜間部に通い勉強をしていた。

昭和一九年六月、古田さんは徴兵検査を受けた。第一乙種であった。やはり体格がひよわであったのだ。一〇月に召集令状が来て、一一月一日に中部第九十八部隊に入営した。地元の在郷軍人会長が付き添いに来てくれた。入営前夜は彦根の八景亭で泊まった。「これで娑婆とはお別れだからな、よい宿をとっておいてやったよ」と在郷軍人会長が言った。

薬の代わりに炭を呑む

入営した最初の三か月はいわば基礎訓練期間で、格納庫で航空機整備の基礎的な技能を習得した。格納庫内の空気はぴーんと張りつめていた。スパナひとつが落ちても庫内に大きく反響する。緊張しっぱなしの訓練期間であった。

初年兵には、環境の変化で腸をこわしたり、凍傷にかかったりするものが多かった。凍傷というと不思議に思われるが、沖野ヶ原の冷え込みは相当きつかった。なんでも、島根と福島、そして滋賀の八日市は日本で一番「しばれる」所だといわれていた。軍隊の食事が十分でなく、栄養失調者が多かったほどなので、凍傷にかかりやすかったのかもしれない。

三日に一回くらいの割合で入浴時間があった。数分間ほど湯船に浸《つ》かったら、「次と交代」と号令のかかる簡単な入浴だった。部隊に戻る途中に、濡れた手拭が凍って棒のようになってしまい、半分に折ったらポキンと折れた。それくらい冷え込むので、凍傷患者も出るはずだ。

古田さんは、入隊後しばらくして腸をこわした。部隊内の医務室で三日間の療養。このとき与えられた「腸の薬」は、堅炭《かたずみ》をつぶした粉であった。

残飯をあさる

食べ物が少ないのも困ったことで、いつも空腹だった。古参兵のメシは山盛りだったけれども、初年兵のメシは見るからに少なかった。味噌汁も、古参兵の汁椀には「具」がいっぱい入っていたが、初年兵の椀は汁だけのことが多かった。食事が終わると食器を返却する。初年兵は先を争って古参兵の食器を運ぼうとした。古参兵の食器には食べ残しがある。炊事場にも古参兵の残飯が捨ててある。それを食べるためであった。

初年兵らはみんな炊事当番になりたがった。当番には、下士官室へ食事を届けたり、食事の終わった食器を受け取りにいったりする役目がある。炊事場へ「メシ上げ」にいく途中、飯を軍服のポケットにねじ込む。あとで、食べる。炊事当番の「役得」である。そうでもしなければ飢えがしのげなかった。軍隊では、「人間らしいまともな生き方」が出来ないのであった。

飛行場近くの松林の中に、土手に囲まれて飛行機が隠してあった。九七式爆撃機であった。木の枝などをかぶせて、カムフラージュしていた。兵隊二人で不寝番に立つ。たまたま古田さんが当番兵であったとき、近くの農家の主婦がやって来て手招きをする。「お風呂に入りに来なさい」という。古田さんら当番兵は交代で民家のお風呂に入れてもらい、そのあと握り飯までもらった。上官に見つかったらすぐに「営倉（軍隊の監獄）入り」だっただろう。でも、その主婦は、上官がいつ監視に来るのかをちゃんと知っていたのに違いない。どこの村の人だったのか、まったく見当がつかない。でも、「もし会えたなら、いまでもその時のお礼が言いたい」と古田さんは思い返す。

急降下爆撃

頻繁に制裁が加えられた。自分が間違っていなくても、班のだれかが過ちをおかせば、連帯責任として全員が制裁を受けるのである。安全装置をかけないまま、だれかが銃を銃架に立て掛けておく。すると全員が二列に整列させられ、向き合った者同士で力まかせの殴り合いをさせられる。上履きの裏で殴られることもあった。二段ベットの上から足を持って下に吊り下げるという制裁もあったという。逆さになるから鼻血が出てくる。「急降下爆撃」という名前の制裁であったとか。

昭和一九年一二月ころ、ノモンハン帰りという古参兵数名が班に入ってきた。北満から戻ってきたらしいと噂されていた。軍隊は階級よりも年期である。この兵たちは古田さんたちが演習に出るための準備をしていても、ぜんぜん出ていこうとしない。将棋や碁を指して遊んでいる。食事も将校より先に、部屋まで運ばせて自分たちだけで食べていた。にもかかわらず、上官は見て見ない振りであった。やがて彼らは、どこかへ転出していった。日本軍は、ノモンハンでソ連軍と対峙し、壊滅的な打撃を受けた。激戦を生き延びた兵士たちであったから、彼らの行動は、「仕方がない」と大目に見られていた。

物資不足

支給されるべき衣類や靴などが、十分にそろっていなかった。兵隊にとって大切な短剣も全員に支給されなかった。「略帽」とよぶ普段用の帽子は、「中折帽」という民間の帽子を改造したものが出回っていた。兵舎内ではく営内靴も、支給されるものは左右のサイズが異なっているのも珍しくない。ズボンの下につける「袴下《こした》」や肌着などを洗濯して干しておくと、いつの間にか盗まれた。「員数合わせ」が大切なので、盗まれたら夜中に別の中隊へ盗みにいく。軍隊内は泥棒だらけであった。

古田さんは、入隊後三か月目に甲種幹部候補生の試験を受けて合格した。上等兵に進級。しかし、襟につける階級章が不足していてもらえない。仕方がないので自分で厚紙を切り、ご飯粒で色紙を貼り付けて上等兵の襟章をつくった。演習から戻ってくる途中、自分より下の階級の兵とすれ違ったが自分に対して敬礼をしない。不思議に思ってよく見ると、手製の「星」がどこかに落ちて、軍服の襟についていていなかった。

古田さんは、飛行場に飛行機のならんでいる風景を見たことがないという。飛行兵と出会ったこともないとのことである。平常、これだけ何もない状態では、戦争に勝てるはずはない、と思ったそうだ。

昭和二〇年四月ころ、古田さんの所属する第六中隊は、しばらく御園国民学校校舎に移動した。

中隊長は教室を使用し、兵隊は講堂を兵舎代わりにしていた。児童たちと出会うことはなかった。やがて中隊は戦地へ出動することになり、格納庫内で出陣式が行われた。その二日後の夜、西本願寺で三隊に分けられたが、古田さんたち幹部候補生だけは、松山に飛行場をつくるため、沖縄方面への出動からは免れる結果となった。「これが生死の分かれ目だったと思う」と古田さんは述懐した。

昭和二〇年七月、古田さんは仙台陸軍飛行学校に入校し、そこで終戦を迎えた。復員後、しばらく岐阜県庁内務部に勤務し、のち岐阜県内の中学校に三十六年、小学校に二年間勤め、その間、中学校長、小学校長を歴任された。

古田さんは、「六十三年前の戦争を追憶し、二度とふたたび過ちを繰り返さないことを誓って、戦争体験した者は、後世に語り伝える責任があることを実感した」と語った。

現在、玉園《たまぞの》中学校や凸版印刷、大昭和紙工などの建つ一帯が、中部第九十八部隊跡である。跡地には「中部第八教育隊記念碑」がある。この記念碑を手でさするようにして、いかにも感慨深げであった古田さんの様子が、案内をした私たちの印象に強く残った。

中部第九十八部隊、第八航空教育隊跡地の碑

岩崎孝一少尉の思い出

兵役の大半を八日市で過ごされた岩崎孝一さん（故人、埼玉県出身）が、第八航空教育隊当時の思い出を綴り、部下にあたる寺井善七さん（京都市出身、昭和二年生まれ）に送られた文章が残っている。手記は、便箋《びんせん》十六枚に及んでいるが、八日市航空隊に関係しない部分は割愛し、一部で文意を損なわない程度に補正して、以下に紹介する。

松吉乾物店で営外居住

私（岩崎孝一）は、昭和一六年、東京物理学院応用化学科を卒業、大宮市内の榎本光学という会社で働いていました。昭和一七年二月、現役兵として、私は千葉県柏市の第四航空教育隊に入隊しました。ビンタをもらいながらも甲幹（甲種幹部候補生）に合格、同年九月、伍長の階級にて陸軍航空整備学校に入校しました。特業（特別業務）は九九式双発軽爆撃機を使った整備訓練、並業（共通業務）は二歩以上は駆け足、真夜中の非常呼集も駆け足のみ、おそらく、駆け足は歩兵にも負けなかったでしょう。

訓練期間八か月が終わり卒業、一八年六月に見習士官として八日市の中部第九十八部隊（のち、第八航空教育隊）第一中隊（久保田隊）にただ一人の見習士官として歓迎されました。武田少尉、伊勢少尉、小林見習士官（私より少し先輩で、経理学校出のプロ）が上官でした。一期の特幹（特別幹部候補生、中村・久野・緒方）を迎えたころから中隊は充実してきました。私は昭和一八年一二月に少尉に任官、同時に現役満期除隊。しかし引き続き臨時召集。月給百五十円を頂いて、八日市の松吉さんという乾物屋（現東近江市八日市上之町）の離れの二階に営外居住をしました。下宿代は二食付で三十七円、あまり酒を飲まない私には、十二分の状態でした。町中では、松茸の天ぷらご飯にビール一本付で一円五十銭だったと思います。一度、将校たち四、五十人で付近の山に入り、松茸狩りをしました。愛国婦人会、国防婦人会の奥様方の、各種松茸料理をご馳走になり、その後しばらくは松茸を見るのも沢山という気分でした。

教官となる私たちは厳しい指導を受けました。教育計画は、年間・月間・週間そして日々を提出しチェックされました。

入隊後間もないある兵隊が軍服を脱いで、「自分は整備隊に入隊したのではない。航空機乗務員に志願したのです」と言いました。私は未熟な操縦士が燃料計の振れを見て「故障だ」と勘違い、慌てて不時着をしたため貴重な飛行機を大破した例を話し、整備兵の重要性を話して聞かせたことを覚えています。

久保田大尉と武田中尉

第一中隊長の久保田大尉は、本当に謹厳実直な軍人でした。将校室におられたとき、事務室の准尉が、手荷物をもって入室、「中隊長殿、○班の初年兵○○の親から、この荷物が隊長宛に届きました」。即座に隊長は、怒るが如く「送り返せ」と一言のみ。のちに、本部にいた戸田中尉から「久保田大尉は終戦後に自決して亡くなられた」と聞いたことがあります（寺井善七さんの話では、久保田大尉は復員、帰郷して間もなく自決されたという）。

武田中尉は熊本高専卒かと思いますが、機械、エンジンに精通し、その熱意と努力には頭の下がる人でした。整備教育、とくに基本作業に関連した「整備教程」をつくり、また「緊度感得器（ボルトの太さに応じた、ナットを締める力が、一見してわかる機械）」を発明しました。彼は毎晩、遅くまで将校室でそのための研究をつづけ、夜八時を過ぎることもしばしばでした。私たちには、「先に帰ってもいいよ」と一切強要しない。とはいえ私も帰りにくく、ともに仕事をして、二人が自転車で、大きな声で軍歌を唄いながら帰ったことを、忘れることが出来ません。部隊の現況などを語り合っては、「こんなことでは、日本は負けるよなー、岩崎」。この言葉は、いまなお私の脳裏に残っています。

戦後、同氏は川崎重工に入社、タービンの設計で工学博士となり、のちに紫綬褒章を授与され重役にもなられました。

極秘情報

昭和一八年後半からは、私たち将校には極秘の情報が入っていました。第八教育隊で教育を行ったのち、飛行場中隊や飛行場大隊を編成し、南方の島々へ兵を輸送するようになったのですが、輸送中に攻撃を受け船は沈没、戦力の低下は著しいというのです。名古屋の飛行機製作工場へいったとき、技師が「内密だが」といって、生産量激減のカーブを示す紙片を見せてくれたことがありました。これらのことから私は、この戦は勝つのが難しいなあと思うようになりました。

久野、中村、緒方各少尉の諸君は、私より一期後輩で、技術も人格も優れた人たちでした。彼らは八日市駅に近い立派な料亭招福楼に合宿し、研修を受けていました。中村君は戦後、名古屋で航空学を専攻し日航に入社、整備ではトップに近い地位についたそうです。

その後、私は第六中隊（泉隊）に移り、専任将校となりました。久保田隊と違って、気楽な中隊でした（寺井善七さんの話では、中隊長の人柄により、それぞれの中隊の雰囲気は大きく変わっていたそうである。第一中隊の久保田隊は、真冬でも上半身裸で飛行場を駆け足させられることがしばしばであった。一方、第七中隊田鎖中隊長は軍刀を自転車の荷台にくくりつけて部隊に出てくるような気さくな人で、中隊の雰囲気もやわらかく、兵隊たちに田鎖中隊長は「憧れの的」だったという）。入隊した初年兵がまずこの第六中隊で一か月程度の訓練を受け、次は「発動機」の中隊へ、次は「装備」の中隊へと流れ作業式に教育が行われていました。

戦局が進み、第六中隊も大半は四国に行くことになりましたが（寺井善七さんの話では、二〇年七月はじめに、松山付近へ、臨時飛行場を建設する第八教育隊の一部が移動した）、私は希望して居残り、下士官の門野軍曹以下十数名とともに、中野小学校に疎開しました。中野小学校の細長い特別教室を借り、その前庭で九百八十〜七百五十馬力の発動機を分解して清掃、これを組み立てて、次の装備中隊に回す作業をしていました。教材に使っていた発動機まで、混じるようになりました。

グラマンの空襲

すでに米軍艦載機グラマンの攻撃は度重なり、ロケット砲の軌跡を見たことがあります。たまたま、対空監視兵の退避が遅れ、彼は近くの溝に飛び込み無事でした。グラマンの急降下と機関銃音に顔を少し上げて見ると、別の場所でうつ伏せになっている兵（和田伍長）のすぐ横を、至近弾が砂煙を上げていました。和田伍長が便所から出てきたところを狙ったようです。二名とも無事で全く幸運でした。

この日、八日市の他の部隊で兵隊一人が足切断の負傷、民間人が昼食中に死亡と聞きました（昭和二〇年七月二五日、小脇町で昼食中の夫婦がロケット弾により死亡した）。

岩崎さんの戦後

九月四日に復員式が行われました。その直後に私は「関東出身兵約二百八十名を東京駅まで輸送せよ」との命令を受けました。大急ぎで荷造り準備を始めました。部隊長から、白米三十キロ、牛缶五十個、金平糖入りの乾パン五十余袋、酒一本を受け取りました。この酒は、背の高い特幹兵が「自分がもって参ります」と言って受け取りました。全員が軍装です。兵は大きなリュックに衣類などを満たし、私は少尉の襟章、胸に航空隊のマークをつけ、軍刀は二本持ちました。敗軍の暗さはまったくありませんでした。五日午前二時ころ、瓦礫の山となった東京駅に着きました。「解散」の命令を出すまでもなく、兵たちは一瞬のうちに消えてゆきました。例の特幹兵が来て、「酒は皆で頂きました」といって去っていきました。私と、家が東京駅に近いという三名の兵とで、焼け残った駅で仮寝をしました。このとき、不寝番をしてくれたのは部隊の演芸大会では歌と踊りの人気者のもと植木職人で、のちにわが家の庭造りも、彼にお願いしました。

私は部隊から退職金二千円（当時、小学校長の月給が約百二十円）を頂いて、ゆっくり東京に職を探すつもりでした。それが、戦後の大改革で預金通帳、紙幣にも証紙を貼らなければならなくなり、貧乏人になってしまいました。働かざるを得ません。

昭和二一年夏、祖父たちと田んぼで草取りをしていたところへ、教師をしていた友人が来て、「理科の教員が欠員で困っている。来てくれないか」と言いました。考えてもみなかった地元での教職員生活に入りました。以来、昭和五五年まで三十三年間を勤め上げたのでした。

林信一兵長の思い出

六十二年ぶりの訪問

林信一さん（大正一四年四月一五日生まれ）は、昭和一九年八月一五日に特別幹部候補生（終戦時、兵長）として第八航空教育隊に入隊した。終戦までの約一年を八日市飛行隊で過ごした。

六十二年ぶりの平成一九年七月一九日、その思い出の地を林さんが俊子夫人とともに訪ねて来られたので、私の車で夫妻をあちこちに案内した。

「当時のものは、何にも残っていないなあ」と繰り返す林さん。ただ一箇所、村田製作所前の赤松林を眺め、「ああ、あのころはこういう赤松が道路の両側にいっぱい茂っていた」とつぶやいた。

林さんは、部隊当時の思い出をいろいろと語った。誇張も衒《てら》いもないありのままの事柄で、しみじみと胸にせまるものがあった。

陸軍八日市飛行場二十四年の歴史の中には、万を数える人々の暮らしがあり、汗と涙があった。そのなかのひとつとして、林さんから聞いた話を紹介しよう。

「操縦」を志願

私（林信一）は、本籍が滋賀県。もとは膳所《ぜぜ》にいたが、父親が他人の借金の保証人になり、とばっちりを受けて財産をとられ、一家は逃げるように大阪に出て来た。

昼間は関西配電（現在の関西電力）に働き、夜は摂南重機工業学校（現在の大阪工業大学）に通っていた。そんなとき、特別幹部候補生の募集があるというので志願した。軍隊というところは、一日でも早く入っておくものが「勝ち」だったから。花形の操縦を志願したが、整備に回された。第八航空教育隊に入隊したときの同期は六百人程度だった。

一期（三か月）の検閲を受けると、同期生は転属命令を受けて戦地に出て行った。最後まで八日市飛行隊に残ったのは三十人くらいになった。成績のよい者と、なにかと故障がちの者。自分は後者のほうだったと思う。関東、東京の立川から来ているものが多くて、「アホ」といっても通じない。喧嘩をするときは「バカ野郎」と言わなければならなかった。

実弾を撃ったのは六発

私は第七中隊に所属した。関西配電で働いていたし、学校も工業系だったので、「特業」（特別業務）は電機だった。特業があるから、軍事訓練はほとんどない。終戦までに、実弾を撃ったのは結局、六発ほどだった。それでも、匍匐前進《ほふくぜんしん》など一通りの訓練を受けた。そのころになると全員に鉄砲がいき渡らず、一個班(内務班)六十人に十丁あればよい方だった。それらが廊下に立て掛けてある。五、六人で毎日手入れをしたが、銃の手入れが悪いと、懲罰がある。「ウグイスの谷渡り」というやつだった。手前の寝台の下をくぐり、次の寝台の上を這って渡り、また次の寝台の下をくぐる。何台もの寝台の下と上とを渡っていくのだが、大変つらい罰だった。

総員起こし

八日市は冬の寒いところだった。午後九時消灯だが、寒くて寝られない。とくに足が冷たい。それで、靴下をはいて寝ることになる。寝たなと思ったころ、「総員起こし」の号令がかかる。靴下をはいて寝てはいけないことになっているので、あわてて脱ごうとするが、軍隊の靴下はくるぶしの少し上を紐でくくるようになっていて、すぐには脱げない。「靴下をはいていた者、出ろ」と言われてビンタを喰らう。古参兵が、「一丁やったろか」ということで、こんな号令を掛けたのだと思う。

リンチを受ける

一九年冬のことだった。手に凍傷ができた。業間治療で医務室へ行き、衛生兵から治療を受けた。衛生兵は、凍傷部を湯で洗ってヨードチンキのようなものを塗ってくれたが、どうも動作がもたもたしている。自分は上等兵で相手の衛生兵は一等兵だった。「もっと、てきぱきと早くやらんか」と言ったら、彼は笑っていた。その二、三日後、また凍傷の治療に行き医務室を出たところで、別の中隊の上等兵に呼び止められた。彼は物陰に自分を引っ張り込み、「お前、この間、うちの衛生兵にえらそうなことをぬかしたな。お前は知らんやろうが、あいつは営倉にも入ったことのある筋金入りの古参兵じゃ。もうちょっと、言葉遣いに気をつけろ」と、皮の上靴（スリッパ）の裏で往復ビンタを喰らわせた。痛いのなんの。二十五、六歳の古参上等兵で屈強そうな男。とても抵抗できない。あのときは笑っていたのに、例の衛生兵が告げ口をしたに違いない。両頬に血が滲み、無惨に腫れ上がってしまった。あとで自分と同じ班の基幹兵に、「お前、この間、衛生兵の仕返しを受けたやろう」と言われた。自分は、「いえ、違います。この傷は厠の床が凍っていたため滑って打ったものです」と答えた。滑って転んだ傷なら、両頬に出来るはずがない。しかし、もし「やられた」とでも言えば、もっとひどい報復を受けることになる。それが恐ろしかったので、自分の不注意で出来た怪我で押しとおした。「お前の中隊の林をこらしめてやった」という話が、裏でちゃんと通じていたに違いない。私的制裁が禁じられていたなかでの出来事であった。

雪中の駆け足

やはり冬の話。雪が積もり、営舎外での訓練が出来ない。中隊長が全員を集め、「軍人勅諭」の講話をはじめた。もちろん堅い内容で正直、面白くないから、居眠りする者が次々と現れた。中隊長が、「居眠りした者は立て」と怒った。正直に立てばどんな罰を受けるかわからない。だれも立たない。そこで、中隊長の「舎前（営舎前）に集合！」という号令がかかった。

「早駈」が命じられた。全員で飛行場を駆け足せよ、と。飛行場には雪が三十センチ以上積もっていた。その中を駆け足。先頭に立って走ったのは教育隊長の沓名中尉だった。長靴（将校用の革製の長ぐつ）を履いていたから、大変だったと思う。沓名中尉はとても厳しい人だったが、やることはやる人であった。

一周走って来ると、後ろの方の何人かが「もう一周」と走らされる。戻ってくると、またその後ろ半分が、「もう一周」といって走らされていた。

柵外逃亡

若くて食べ盛りだったし、運動量も激しかったので、とにかく腹が減った。古い兵隊の食事は、きちんと一定量の盛りつけがしてあった。班長には、盆に綺麗に並べたものを持っていく。営外居住をしている将校には、月に一回くらいの割合で肉の特別配給があった。当番兵が「公用」の腕章を巻いて肉を届けに行った。しかし、新しい兵隊の食事の分量は日によってめちゃめちゃに異なっていた。酒保《しゅほ》（日用品・飲食物の売店）にはパンがあったが、数が限られていてほとんど手に入らない。

外出許可が出たときは、大きな握り飯が一個あたるだけで、それだけではとても足りない。ある日、自分は近くの農家に行って「イモを蒸してください」と頼んだ。先に他の兵隊が来ていた。その農家では親切に、イモを蒸してくれた。頂いたあとで、「おカネを払います」と言ったが、「いりません」という返事。とても嬉しかった。ずっと後になって、「民家へ食糧をねだりに行くな」という命令が出た。みんな、部隊の近くの民家を訪ねるようになっていたのだろう。

食事当番がバケツに入れた食料を持ち帰り、それぞれの容器に盛りつける。もちろん多い少ないが出来るので、それを上の方から見下ろした者が、「どれが多い、どれが少ない」と騒ぐ。すると、古い兵隊が木銃で誰彼なく頭を叩く。木銃は樫の木で出来ているので、ただの一発喰らっても猛烈に痛い。手で押さえた途端、コブが盛り上がってくるのがわかった。

栄養失調で亡くなった兵隊もいた。陸軍病院に連れていかれたが、間もなく亡くなった。死ぬと「屍《しかばね》衛兵」というのが遺体の傍に立ち、遺体を守ることになっていた。栄養失調で死ぬなんて、可哀相なことだと思った。

柵外逃亡というのもあった。自分が在隊中に五、六人くらいはあった。脱走兵のことである。ほとんどが現役兵だった。朝、起きるといなくなっている。主に古参兵が探しにゆく。けれども、一人も部隊には戻って来なかった。捕まらないはずはない。当時、「公用」と書いた白い腕章をしていない兵隊は、絶対に外を歩けない。腕章なしの軍服姿で、遠くまで行けるはずがない。実家にも手が回るし、逃げ切れるはずがない。けれども、部隊には戻って来なかった。捕まったあげく、軍法会議にかけられどこかの重営倉に入れられてしまったのだと思う。

慢性的な水不足

部隊のなかほどに背の高い給水塔が建っていたが、いつも水不足で困っていた。それも、食器洗いとか洗濯をするときなど、水が必要なときに出なくなった。「今、出ているな」と思っていても、すぐに断水になる。夜中ものどが渇き寝られない。不寝番があたると、よその班にある茶瓶を探して回る。のどの渇きに耐えられず、醤油を呑んだことさえある。醤油を呑むのはよくないとわかっていたが、それこそ「万事、休す」というところだ。飲んでみたらおいしかった、あのときの醤油は。地盤が固く地下は岩盤になっているとかで、水が出ないのだと聞かされていた。掘削をし直そうという話は、とうとう最後まで聞かなかった。でも、九十四部隊の方は結構出ていたのじゃないだろうか。

南京虫とノミ

入隊したはじめのころは、南京虫に悩まされた。午後九時、消灯で寝ると首筋のあたりがムズムズしてくる。首筋を掻くと、ものすごくいやな匂いがする。潰れた南京虫の匂いだ。枕の中とか寝台の合わせ目とかにいる。たまに衣服を煮沸させるくらいで、消毒というものはなかった。喰われた者が悪い、やられた者が悪い、そういうところだったと思う、軍隊は。

中隊がそれぞれ周辺の学校に疎開してからも、電機中隊の二十名ほどは部隊に残り、電機講堂でバッテリーの充電作業をつづけていた。北方のアリューシャン方面に飛ぶ飛行機のバッテリーと、南洋方面に飛ぶ飛行機のバッテリーとはそれぞれ比重が違うので、その比重調整の作業をやっていた。作業を終え兵舎に戻って来ると、よく肥えたノミが見る見るうちに足に喰らいついてきて離れない。ノミに喰われると、かゆくてとても寝られたものではない。古い兵隊は、航空燃料をもち帰って、それを袴下や身体に振りかけていた。オクタン価（ガソリンのアンチノック指数）の高い燃料を塗ると、さすがにノミも寄って来なくなった。

不時着、炎上

一九年夏だったと思う。飛行機の誘導路づくりに従事した時期があった。部隊から東の方向、赤松林のなかに誘導路をつくっていった。赤松林と桑畑。桑をどんどんおこしてゆく。道具はつるはし一本。桑の木の間にサツマイモが植えてあり、ときどき大きなイモが出て来た。そのイモを食べたいと思ったが、生のままでは食べられないし、上官の監視もあった。

飛行場に着陸しようとしていた三式戦（飛燕）が、脚が出ないため、上空で旋回を繰り返しているところを何度も見たことがある。片方の脚は出ているが、もう片方が傾いたままとか、両方の脚が「ハ」の字の逆になっていて開き切らないとか。結局は胴体着陸をすることになる。くるっと一回転して無事に着陸するものもあれば、炎上するものもあった。一度、五式戦が脚が出ないため掩体壕の方で胴体着陸を決行し炎上した。そのとき現場を見にいったが、機体はすっかり焼けきって鋼索だけが残っていた。実弾がバチバチと音を立て炸裂していて、危険で近寄れなかった。操縦士がどうなったのか、わからなかった。

キ四五（屠龍）が飛来して来たころのこと。北の方向から飛んできた屠龍が田んぼに不時着した。あとで、お百姓がみんな怒っていたという話を聞いた。「田んぼにガソリンをあんなに撒かれたら、米が穫れない」と言って。

真っ赤な西空

昭和二〇年七月、猛烈な空襲があった。朝食をとっていたら、バリバリッと機銃弾の音がしてロケット弾が炸裂した。一目散に近くのタコツボに逃げた。米軍機の操縦士の飛行メガネが見えた。「鉄かぶとを脱げ」と言われた。鉄かぶとは、上空から光って見え目標になるからだ。機関砲をもっている中隊が応戦していたが、ポンポンポンポンという頼りなげな音であった。幸い、自分たちの中隊では死傷者は出なかった。

そのころ、爆撃機に二百五十キロ爆弾を吊り下げる訓練をしていた。四個吊り下げると一トンになる。爆撃機がようやく離陸できるくらいの重量だった。

電報班にいる古参兵が、自分を可愛がってくれた。暗号なども扱っていたと思う。彼のところへいくと、タバコを吸わせてくれた。ある夜、彼は「西の空を見ろ、真っ赤だろう。大阪が空襲されているんや」という話をしてくれた。

計算尺も兵器

ますます空襲が激しくなり、自分たちも上岸本《かみきしもと》（東近江市）のお寺に疎開した。

昭和二〇年八月一四日、本堂に蚊帳《かや》を吊り二十人ほどが寝ていると、急に呼びおこされた。「転属命令が出た、軍装をしてただちに押立国民学校に向かえ」ということだった。急いで押立国民学校へ行った（当時、国民学校の子どもたちは、兵隊が来ると便所が臭くなるからいやだ、と言っていたようだ）。「俺の寝るところは、どこや」などと言いながら、とにかく現役兵の間に潜り込んで寝た。

翌一五日朝、こんどは各務原に向かえという命令を受けた。十二時前に八日市駅を出発し、軍用列車で各務原に向かった。二十人に銃が三丁か四丁と、木箱に入った実弾千三百八十発。それが自分たちの持ち物だった。その夜、八時か九時に各務原に到着し、そこで終戦の話を聞いた。自分たちは各務原で編成される飛行場大隊に加わり、外地にいく予定だった。

翌一六日朝、食事を終わったと思ったのに、また食事が出てきた。その夜、ふたたび八日市の本隊に戻ってきた。中隊も押立国民学校から本隊に戻っていた。

間もなく、復員式があった。中隊長は出てこなかった。関東軍から内地に戻って来たという人が、「今は、大人しく帰郷せよ。もし召集があれば、また出て来るように」と訓辞をした。

自分の本籍は大津なので、しばらく残務整理で残るよう命令された。兵器類を机の上に整理し、米軍に引き渡す準備をする任務だった。「計算尺も兵器だから、きちんと並べろ」と言われた。

沓名中尉の当番兵が、戦争に負けたことについて、何か気にさわることを言ったらしく、沓名さんが激怒し、その兵隊を追いかけていたことを覚えている。

任務が終わった九月五日、自分は大きな荷物を担ぎ、一人で部隊を後にして大阪へ帰っていった。

三船敏郎上等兵

第八航空隊に所属

三船敏郎。大正九（一九二〇）年四月一日生まれ。

昭和二二年に東宝第一期ニューフェイスとして登場、谷口千吉監督の「銀嶺の果て」でデビュー。翌年、黒澤明監督「酔いどれ天使」の力演が評価され、以後、「羅生門」「七人の侍」「用心棒」など、黒沢作品のほとんどに出演した。外国映画にも出演し、国際俳優としても名声が高い。三船の演技は他の俳優に見られない動きのスピードにあり、立ち回りの豪快さなどで世界中の映画ファンを魅了した。平成九（一九九七）年一二月二四日に死去（『朝日人物辞典』掲載内容を要約）。

世界的に有名な映画俳優三船敏郎が、戦時中に陸軍八日市飛行場第八航空教育隊（中部第九十八部隊）に所属していたことは、比較的よく知られている。しかし、三船がどのような軍隊生活を送っていたのかについては、あまりわかっていない。本人の口から語られた形跡はないし、同期兵などの証言もほとんど見かけない。

陸軍八日市飛行場についての話を収集していくなかで、私は、三船敏郎と共に八日市で軍隊生活を送っていた人たちから、「世界のミフネ」の航空兵時代についての話を聞く機会があった。すでに当時から三船敏郎は、普通の兵隊には見られない強烈な個性の持ち主であったらしい。

泊まり込み炊事担当上等兵

三船敏郎と同じ中隊の同じ班に所属していた林信一さん（P98参照）の話は次のとおりである。

林さんは、昭和一九年八月一五日、特別幹部候補生として八日市の第八航空教育隊に入隊した。三か月の教育期間が過ぎ、第七中隊に所属した。第八航空教育隊には十中隊があって、それぞれ五十音の「ア・カ・サ・タ・ナ…」の頭文字が付されていた。防諜対策だったという。「ア」は本部、「カ中隊」は第一中隊である。中隊ごとに「写真」「電機」「機関（発動機）」「機関砲」などと任務が分かれていた。

一つの中隊の兵員は、当初は六十名程度であった。しかし、昭和二〇年に入ると「一月兵」「二月兵」「三月兵」と、毎月、現役兵が入るようになり、一中隊が十〜十五班で編成されるようになった。一班は六十名であったから、部隊では九千名近い兵隊がいたことになる。林さんが入隊したころは寝台が与えられていたが、収容人員が急増したため、寝台は取り払われ、床に藁布団を直接敷いて起居するようになったという。

中隊ごとに上等兵（基幹兵）数名が、「特業（特別業務）」という任務についていた。特業の内容は、「炊事（航空隊の炊事担当）」「被服（被服の修理・洗濯）」「靴（革靴の修理）」などに分かれていた。

三船敏郎は、第七中隊の古参兵（現役兵の上等兵）であった。三船上等兵は、特業の基幹兵として大きな蒸気窯がいくつもある炊事場に泊まり込み、兵隊たちの食事づくりの責任者をしていた。当時、林さんは十九歳、三船上等兵は二十四歳である。五歳年長であったからまさに「おやじさん」の印象であり、親しく会話を交わす関係にはなかった。

三船上等兵は、しばしば同期の古参兵のために「特別料理」をつくってやっていた。

食事時間になると、週番上等兵が各班の食事当番を引率し炊事場に集まってくる。そのとき三船上等兵は、食事当番の兵隊に、「これを中隊の誰々に渡してくれ」と、白飯の入った大きな桶や飯盒の副食などをことづける。週番上等兵は三船上等兵が先輩に当たるので、黙って見過ごさざるをえない。受け取った食事当番兵は三船上等兵の指示どおり、中隊に戻るとそれを古参上等兵に届ける。

古参上等兵は消灯後に仲間数名を集め、兵舎内で三船上等兵から届けられた白飯や副食を囲み、車座になって酒盛りをはじめるという仕組みである。

営倉入りの上等兵を連れ出す

林さんが上等兵（若い基幹兵）に進級し、週番上等兵につくようになってからのある日のことである。少尉任官間近の見習週番士官が、この酒盛りの「現場」を見つけてしまった。若い週番士官はその場で全員を厳しく叱責した。そのとき、松本という古参の上等兵が週番士官に激しく抵抗した。松本上等兵は、その酒盛りの席にはいなかったが、若い週番士官の態度に腹を据えかねたらしい。週番士官と松本上等兵は取っ組み合いの争いをはじめた。さらに松本上等兵は将校室に入っていき、立てかけてあった軍刀を手にして週番士官に斬りかかった。あまり刃の立っていない軍刀ではあったが、週番士官は眉間《みけん》や腕に切り傷を受けた。

軍隊での「対上官反抗」は大罪である。ただちに松本上等兵は衛門の横にあった重営倉（陸軍懲罰令にもとづく兵営内の拘置施設）に入れられた。松本上等兵の営倉入りは終戦の日までつづいた。もともと頑健で浅黒かった松本上等兵は、ボタンも紐もない汚れた衣服を着せられ、長い営倉生活のために顔色は蒼白になっていた。

きっかけとなった「酒盛り」の飯や副食を届けたのは三船上等兵である。その三船上等兵は、一週間から十日おきくらいに、営倉にいる松本上等兵を連れ出し彼を風呂に入れたり、みんなと一緒に食事をさせたりした。

もちろん、営倉に入れられ服役中の兵隊を外に連れ出すなどということが許されるはずはない。当時から林さんは、「三船上等兵は、営倉の衛兵指令に裏から手を回しているのだろう。だから営倉の松本上等兵を連れ出すなどということが出来るのだろう」と思っていた。重営倉服役中の松本上等兵は、林さんたちと一緒に食事をしながら、「おまえら、腹が立っても俺みたいなバカなことはするなよ」と言っていたという。

林さんは、三船上等兵の大胆な行動や温かな人柄を、いつまでも忘れることができないという。

背広姿で兵舎を闊歩

兵隊たちには、「日曜外出」というものがあった。しかし、実際に外出できるのは一年に二、三回くらいしかない。外出が出来ないとき兵隊たちは、兵舎内で自由時間を過ごす。そんなとき三船上等兵は、軍服を背広に着替え、短靴を履いて中隊のなかを歩き回っていた。

短靴のコツコツという音が兵舎の床に響く。週番将校が来たのかと皆が緊張する。ところが、それは同年兵のところへ遊びに来る、背広姿の三船上等兵であった。彼は「おう、おう」などと鷹揚にみんなの顔を見回す。大きなよくとおる声で歌を唄っていたこともしばしばであった。その背広姿は、のちに颯爽と銀幕に登場した俳優三船敏郎を彷彿とさせるものであった。背広などの私服は兵舎内の「陣営具倉庫」に隠していたものと推測されるが、いつそれらを持ち込んだのか、つねづね不思議に思っていたという。

当時の三船上等兵がとっていた行動は、いうまでもなく軍隊内で通用するはずはなかった。しかし、それをとがめたり密告したりする者はなく、彼の行為が問題になったことは一度もなかったとのことである。

将校に扮し出演

所属の中隊は異なるが、第八航空教育隊にいた寺井善七さん（京都市出身）には、昭和一九年に行われた「部隊祭」の三船上等兵の姿が、鮮明な記憶となって残っている。

部隊祭は飛行場の格納庫で行われた。浪曲、漫才などがあり、つづいて演劇がはじまった。サイパン玉砕をテーマにした内容であった。米軍の猛攻撃にあって疲弊し意気消沈の兵士たち。そんななかで、一人の将校が傷つきながらも立ち上がる。彼は、兵士たちに最後の突撃をよびかける。

「あの将校、なかなか立派やないか。だれがやっとるのや」

「兵隊がやっとるらしいよ。ミフネとかいう上等兵らしいぜ」

このような会話が兵隊たちの間で交わされたという。終戦後の同期会席上でも、しばしば当時の部隊祭の演劇について話が出てきたそうである。

「映画俳優になる人間がやっとったのやから、上手で当たり前じゃ」

とみんなで納得しあったとか。

若い者を大切にした

中部第九十八部隊在隊当時、三船敏郎上等兵から「写真術」を学んだことがあるという伊神幸男さん（岩国市在住、昭和二年生まれ）から、次のような話を聞いた。

「三船さんは、毎週、土曜日に外出し月曜日朝ぎりぎりに帰隊していた。上官に逆らうから万年上等兵だった。しかし、正義感がつよく、同僚には親切で若い者をとても大切にする人柄だった」

伊神さんの話では、昭和一九年九月ころ、三船敏郎上等兵は熊本の特攻基地（熊本市城南町舞原、隈之庄飛行場）に転出したそうである。隈之庄では特攻隊員の写真撮影が任務であったというが、その当時の三船上等兵について語ってくれる人は、今のところ見当たらない。

「世界のミフネ」も、第八航空教育隊在隊中は一介の炊事担当上等兵に過ぎなかった。おそらく彼は、軍隊内での栄達にはほとんど関心がなかったのだろう。また、自由闊達なその個性は、旧陸軍の「軍律」には収まり切らなかった。個々人の能力が尊重される戦後社会の到来によって、彼の才能は一挙に花を開いたのであった。

航空兵「ミフネ」の写真

平成二〇年一月二一日、八日市郷土文化研究会は、東近江市が生んだ映画監督出目昌伸さんの講演会を催した。

講演会のあと、実兄で研究会前会長出目弘さんなど数人が、出目監督を囲みささやかな会食兼懇談の場をもった。そのとき私は、出目監督に三船敏郎さんの「軍隊生活」についてのかいつまんだ話をした。なぜなら、出目監督は黒澤明監督の愛弟子で、生前の三船敏郎さんとも懇意であったと聞いていたからである。

出目監督は、「確かご子息の三船史郎さんが、八日市飛行隊時代のお父さんの写真を残しておかれたと思う。貸して頂けるように私から頼んであげよう」とおっしゃった。半月後、出目監督から待望の宅配便がとどいた。三葉の写真が同封されていた。

三船敏郎（写真提供・三船プロダクション）

陸軍機の傍らに立つ航空兵姿の三船敏郎さん。左手を腰に当て、右手は軽く尾翼に触れている。どこか遠くを見つめたその姿はとても男性的で、映画の一コマではないかと錯覚してしまう。
脱いだ飛行帽を右手にして立つ一葉。背後に小さく航空機が写っているので、飛行場の雰囲

三船敏郎（写真提供・三船プロダクション）

三船敏郎（写真提供・三船プロダクション）

気が伝わってくる。この写真も、視線はやはりカメラのレンズには向けられていない。何気ないようでありながら、スマートな写され方を無意識のうちに身につけている人、という印象である。

一方、軍服を着た上半身の写真は、あるいは八日市の写真館で撮影したものなのかも知れない。澄みきった目が一直線にこちらを見つめている。こんな情熱的な瞳で見つめられたら、女性ならずともついふらふらとしてしまう。襟には「98」のマークがついている。まさしく中部第九十八部隊（第八航空教育隊）の襟章である。

これらの写真は、陸軍八日市飛行場時代のものであるが、いずれも三船さんが天性の映画スターであったことを伺わせる出来栄えである。

第4章
特攻隊と八日市飛行場

特攻隊員・細井少尉の足跡

八紘荘を訪問

終戦の年、八日市飛行場から、数多くの若い特攻隊員が飛来しては、次々と南方へと飛び立っていった。

そのなかで、作戦がいったん中止されたため、八日市飛行場に留まったまま、思いがけず終戦を迎えた人がいる。細井巌さん（東京都、大正一二年三月一八日生まれ）である。

終戦から六十五年を経た平成一七年一一月のある日、「と二百十九隊・殉皇隊《じゅんこうたい》」の隊員であり次等隊長として、特攻訓練に励んでいた細井巌さんが、奥さんとともに八日市を訪ねて来た。元特攻隊員宿舎であった八紘荘の松浦友一さんとの好《よし》みで、私が細井さんの「八日市飛行場の面影さがし」に同行することになった。

その折に細井さんから、特攻隊員時代のさまざまな思い出話を伺うこともできた。

沖縄戦と特攻

昭和二〇年四月六日から、沖縄本島沖の米機動部隊に対し、陸海軍は猛烈な特攻攻撃を加えた。六月二二日までに二千三百九十三機もの特攻機が投入されたが、これは太平洋戦争全期間における特攻戦死者数三千九百十三名の六割を占めるという。

陸軍八日市飛行場には、鹿児島県知覧《ちらん》基地などを経て南西諸島に飛ぶ特攻機が連日のように飛来していた。燃料補給、作戦命令待ちなどのためである。

昭和二〇年六月一七日にも、陸軍特別攻撃隊「と二一九隊（殉皇隊・森本時也隊長）」及び「と二二〇隊（醇成隊《じゅんせいたい》・山内苞隊長）」の二隊十二機が翼をつらね八日市飛行場に着陸した。この二隊は、沖縄特攻に赴くため岐阜各務原飛行場を発進したが途中で無線連絡が入り、八日市飛行場に立ち寄ったものである。

旧八紘荘を訪問した細井巌さん（左から二人目）。中央は当主の松浦友一さん。

隊員たちは、当時、特攻隊員宿舎にあてられていた八日市町川合寺《かわいでら》（現東近江市八日市東本町）の「八紘荘」に入った。その五日後に沖縄戦は終結し、この二隊の出撃命令は延期された。米軍の本土上陸にそなえ、「待機特別攻撃隊」として八日市飛行場で特攻訓練に励むことになった。

まず、細井巌さんが特攻隊員になるまでの過程をたどってみる。

陸軍特別操縦見習士官に応募

昭和一八年一〇月、政府は「在学徴集延期臨時特例法」（学徒動員令）を公布し、理工学部以外の大学生などの兵役徴集延期制度を廃止した。そして、大学在学中であっても年齢が満二十歳に達した者は、一二月一日に入営・入団しなければならないように制度を改訂した。

細井巌さんは東京都の生まれである。三人兄弟の長男であった。中央大学経済学科に在学し日本海洋漁業統制株式会社の人事課に勤務していたが、この年に満二十歳となり、「学徒動員令」により、一二月一日に千葉県柏の東部八十三部隊に入隊（兵科は歩兵）した。入隊の日、営門入り口まで襷《たすき》がけにしていた日の丸の寄せ書きには、町内会長の「アメリカをあっと言わせる門出かな」の句がしたためられていた。

陸軍歩兵二等兵として柏・東部八十三部隊での厳しい初年兵教育を受けるなか、ある日、兵舎の入り口で「陸軍特別操縦見習士官第二期生募集」の張り紙を目にして応募を決意した。

「陸軍特別操縦見習士官」は略して「特操」とよばれていた。航空戦の激化により不足する飛行兵補充のため、陸軍が設けた操縦士短期促成の特別養成機関のことである。両親をはじめ周囲の人から「飛行機乗りは危ない」といわれたが、最前線の守備隊があいついで全滅・玉砕するなか、学業も中途で召集された現実もあって、細井さんは「祖国を守るためなら」との一途な思いで決断したのだ。

昭和一九年二月一〇日、陸軍特別操縦見習士官第二期生千二百名の一人として細井さんは合格し、熊谷飛行学校相模原分教場（神奈川県）でグライダー訓練を受けることになった。つづいて四月から七月までの四か月間、児玉分教場（埼玉県）で、通称アカトンボ（九五式中間練習機）による飛行基礎操縦訓練を受けた。

その後、適性に応じて戦闘・爆撃・偵察などのコースに分かれ、任地も中国、朝鮮、ジャワ、台湾そして国内各地にと振りわけられた。

戦友が特攻出撃

細井さんは、第四十教育飛行隊に所属、戦闘機操縦者としての基本戦技教育を受けるため、昭和一九年七月三一日、知覧飛行場（鹿児島県）に着任した。当時まだ知覧飛行場は特攻基地ではなかった。

知覧では二式高等練習機（キ七九甲）による操縦基本戦技教育を受け、一九年一二月一〇日、菊池飛行場（熊本県）に移動した。

翌二〇年二月一〇日、陸軍少尉に任官。

戦局は急を告げていた。二月一九日、米海兵師団の第一波が五百隻の上陸用舟艇で硫黄島への上陸を開始した。三月一〇日、マリアナ基地を出撃したB29三百四十四機が東京を無差別空襲、約二千トンの焼夷弾を投下し、十万人近い市民が犠牲になった。太平洋戦争は終末期の様相を呈していた。

米軍が沖縄に上陸する直前の三月一六日、細井さんの所属する第四十教育飛行隊から陸軍特別攻撃隊（第七十八振武隊）が編成された。隊員は特操二期生八名ら十一名で、飛行訓練を受けてようやく一年一か月余がたった者ばかりである。細井さんと同期でベッドも隣同士であった親友の内藤寛次郎少尉（栃木県出身）が特攻隊員の指名を受けた。細井さんは、内藤少尉と「俺もすぐ、あとにつづくことになる」と語り合った。内藤少尉ら特攻隊員は、翌日から集合行動となり、宿舎も給与も特別扱いとなり、以後、細井さんは内藤少尉と会うことはなかった。

菊池飛行場では、グラマンの襲撃があると退避のため飛行場を飛び立ち、空襲が終わると飛行場に戻るという状況であった。昭和二〇年四月一〇日、細井さんの所属する第四十教育隊は、グラマンの攻撃が激しくなった熊本県菊池飛行場から各務原飛行場（岐阜県）に移動した。

五月六日、各務原の第四十教育隊では第二回目の特攻隊（と二一六隊・六機）が編成され、同期の戦友たちが中継基地の目達原《めたばる》飛行場（佐賀県）に向け出発した。そのなか細井さんは、菊池飛行場を出発した内藤少尉が、五月二五日に沖縄西方洋上の敵艦に突入し戦死したとの知らせを聞いた。

殉皇隊結成、次等隊長の下命

六月一〇日、第三回目の陸軍特別攻撃隊二隊が編成された。と二一九隊（殉皇隊）・と二二〇隊（醇成隊）である。乗機は、これまで飛行訓練用に使っていた二式高等練習機を特攻用に改装したものであった。細井巌少尉は、このとき殉皇隊の次等隊長に指名された。二つの隊のメンバーは次のとおりである。

と二一九（殉皇隊）

隊長	少尉	森本　時也	特操第一期
次等隊長	少尉	細井　巌	特操第二期
	少尉	磯谷　彰	特操第二期
	少尉	岡本　英介	特操第二期
	少尉	鈴木　正	特操第二期
	軍曹	桑田　計泰	予備下士官

と二百二十（醇成隊）

隊長　　少尉　山内　苞　　特操第一期
次等隊長　少尉　河西　督郎　特操第二期
　　　　　少尉　大谷　正雄　特操第二期
　　　　　少尉　宇塚　二郎　特操第二期
　　　　　少尉　月橋　一夫　特操第二期
　　　　　軍曹　寺西　清次　予備下士官

細井さんは、特攻隊員としての指名を受けた当時の模様を次のように回想する。

呼び出しがあり部屋に行くと、部隊長は「新しく二隊を組む。お前は、『と二百十九隊』だよ」と淡々と話した。「日本の国のためにいのちを捧げる」という気持ちは、特別操縦見習士官に合格したときからすでに出来ていた。すでに同期の仲間が次々と特攻出撃している。「順番が来たんだな」という、悲壮感をとおり越した境地であった。そして、「自分が犠牲になって、親や兄弟を守り、国を守ることが出来るなら何よりだ」「故障の少ない操縦中の飛行機がもらえるだけでも幸せだ」という気持ちだった。各務原に残留した同期の特攻隊員の搭乗機は「赤トンボ」であった。赤トンボでの特攻攻撃は戦果をあげる見込みがほとんどない。にもかかわらず、教育隊によっては赤トンボ以外に搭乗する飛行機がなくなっていたのである。

「八日市飛行場に着陸せよ」

細井さんたち特攻隊員に、「必中」と書かれた手拭いが一本ずつ手渡された。いよいよ敵艦に突入するというとき、額に締めるためであった。

細井さんは、特攻隊員として指名を受けたことは伏せて、東京の両親に「面会が出来るようになった」と連絡した。早速、両親が各務原飛行場に来た。その日は両親とともに過ごし、いっしょに写真を撮った。この世での最後となるはずの「記念写真」である。

両親は、細井さんが「特操」を志願したときから、息子もやがて戦死するであろうと覚悟していた様子だった。

六月一七日、細井少尉ら「と二一九・殉皇隊」「と二二〇・醇成隊」の十二機は、特攻出撃のため各務原飛行場を発進し、九州の基地に向かった。ところが同日午後零時十分ころ、隊長機に無線連絡が入った。「中継基地八日市飛行場に着陸せよ」というものである。沖縄戦はすでに最終盤にさしかかっていた。ぎりぎりのところで特攻作戦が中止されたのである。

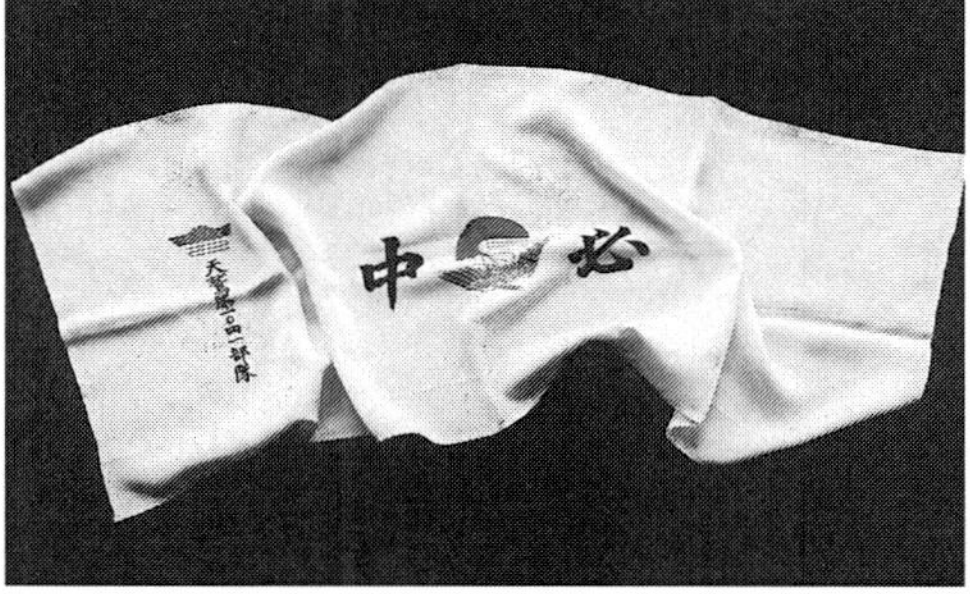

「必中」の手拭

細井さんたちは、命令どおり陸軍八日市飛行場に着陸。ここで「待機特別攻撃隊」として、ふたたび特攻訓練の日々を過ごすことになった。

竹生島を敵艦に見立てる

八日市飛行場では、広大な飛行場の一角にテントを張り、吹き流しをたて、ビスト（戦闘指揮所）を設けて訓練が行われた。

琵琶湖に浮かぶ竹生島《ちくぶしま》を敵艦にみなし、島の手前まで低空飛行をつづけ、手前で機体を引き上げて、急降下して体当たりする訓練や、瀬戸内海まで飛んで広島沖の沈没船に、突入時をイメージしながらの低空飛行訓練などが行われた。

八日市・長谷野《ながたにの》爆撃演習場の布板《ふばん》を目標に急降下で機銃掃射を行い、急上昇する訓練もあった。このときは、腹巻きを下腹に強く巻くことになっていた。急上昇のとき全身の血液がすべて下腹部に下がるからである。いったん眼前が真っ暗になる。やがて少しずつ血液がのぼりはじめて、目が見えてくる。

機銃弾にはそれぞれ弾頭に色が塗ってあり、白布にその色がつくので、誰の射撃がより正確であったか判定できるようになっていた。

殉皇隊・醇成隊以外の隊も八日市飛行場で訓練を行っていたが、指揮系統が異なり他部隊との交流はまったくなかった。そのため、どの部隊がどのような任務をおびて訓練しているのかは、まったくわからなかった。

細井さんの記憶では、当時、八日市飛行場では三式戦「飛燕《ひえん》」六隊（一隊六機）が別に訓練を行っており、五式戦約三十機の防空戦隊もあったとのことである。

訓練用の航空燃料の不足を心配することはなかったが、同期の特攻隊員の話では、「他の基地などに不時着し燃料補給を受けるときは、思うようにいかない」こともあったという。とくに陸軍機で海軍基地に不時着したときなどは、「ほかの基地でもらえ」といわれ、ガソリンを満タンにしてくれないことがあったともいう。

僚友、河西督郎少尉

細井さんの同期生の多くはカメラをもっていた。もちろん、飛行場での写真撮影は厳重に禁止されていたが、飛行訓練の現場では、隊長と隊員のほかには誰もいないので、比較的自由に撮影が出来た。部隊の写真班に内緒で頼むと、現像や焼き付けなどをしてくれた。

細井さんのアルバムには、終戦後、琵琶湖に突入し自爆した、親友の河西督郎少尉と肩を組んだ写真が残っている。その写真には、二人の背後に翼を休める三式戦（飛燕）の姿と、その向こうに山並みが写っている。飛燕は他の隊の訓練機である。山並みは太郎坊《たろぼう》山から瓦屋寺《かわらやじ》山にかけての稜

河西督郎少尉（左）と肩を組む細井巖少尉

線である。飛行場が開拓され、さらに多くの住宅が建設された今では、この写真のように広々とした風景を見ることはできないが、山の姿だけはかつての写真と少しも変わっていない。

　飛行訓練が終わると、愛機を飛行場近くの畑の中の退避場に隠蔽した。両翼に整備兵がつき、道路を通り退避場まで移動する。途中、畑で農作業に励む老夫婦の姿などがあったという。退避場につくと、機体の上にサツマイモの蔓《つる》などをかぶせ機体をカムフラージュした。

　雨などで飛行訓練が出来ないときは、兵舎内で隊長を中心にミーティングが行われた。「どうすれば、犬死にすることなく、見事、敵艦に突入できるか」「どこに当たれば、敵艦に少しでも大きなダメージを与えることができるのか」という研究に没頭した。

　訓練の合い間に、細井さんは若い女性から慰問を受け、血染めの鉢巻きを贈られている。指先を傷つけた血で描かれた日の丸、そして「必勝」の文字。裏にやはり血染めで「秀」の文字が書かれている。「秀」は、彼女の名前の頭文字なのだろう。

　べつに短歌が書かれた木綿の布もある。

「明日も亦野良に急ぐ乙女われ武勲聞くたび眼がうるむ」
「若桜今宵待ちかね勇み立ち敵艦めがけ突き進むらむ」

この白布には、沖縄出身・久米八重と署名がある。鉢巻きも白布も、若くして国にいのちをささげる特攻隊員への、乙女たちの一念がこめられている。もう、それらの贈り主を探し出す手だてはない。

八日市の写真館で撮った、殉皇・醇成両隊員の集合写真が細井さんのアルバムに残っている。飛行服に身を包み一人ひとりが軍刀をもっている。戦死したら遺影ともなる写真である。どこの写真館で撮ったものであったのか、細井さんの記憶はさだかでない。

特攻・殉皇隊　前列右が細井巌少尉

特攻攻撃準備命令

七月二五日早朝、八日市飛行場にグラマン来襲の連絡が入り、その直後に空襲警報のサイレンが鳴った。細井さんは近くにあった防空壕に飛び込み、壕の入り口から今まさに展開されている空中戦を見上げた。視界が狭いので全体の様子はわからないが、グラマンが五式戦に追いかけられ、逆に五式戦がグラマンに追いかけられるなど、混戦状況が展開されているのがわかった。グラマンは超低空で飛行場の上を飛んでいた。細井さんの搭乗機は九七式戦闘機を改良した訓練機である。いちおう機関銃一座を据えてはいるものの、とうてい空中戦でグラマンと太刀打ちできるしろものではない。「日本もだめかなあ」という気持ちが細井さんの心の底に漠然と広がっていた。

八月、原子爆弾が広島と長崎に落とされた。各務原基地で細井さんたちの区隊長であった小野二郎中尉が、広島と長崎を上空から偵察飛行し、帰りに八日市飛行場に立ち寄った。彼は細井さんたちに、「お前ら、とんでもない爆弾が落ちて、日本も大変だぞ」と語った。

七月末と八月一三日の二回、細井さんは紀州沖への特攻攻撃準備命令を受けた。敵機動部隊が北上したという情報があったからである。しかし、機動部隊はまもなく南下し、出撃命令は取り消された。沖縄特攻のときにつづいて、細井さんは二度「命拾い」をしたことになる。

そして、八月一五日の終戦の日がきた。

細井さんたちは部隊から連絡を受け、飛行場近くの小学校で玉音放送を聞いた。

八月一五日か一六日の夜であった。宿舎である八紘荘近くの寺の境内で、江州音頭の盆踊りが催された。森本隊長と磯谷少尉が軍服姿で見物に出かけたが、二人の姿を見た住民たちはどっと逃げ散った。なぜ、踊りに来ていた住民たちは軍服姿を見て逃げたのだろう。この話は森本隊長から聞かされたが、いまだに忘れられない出来事として細井さんの心に残っている。

それにしても、終戦直後に、お寺で踊りが催されたというのは珍しい話である。金念寺《こんねんじ》（八日市金屋二丁目）ならば、八紘荘に近い。森本隊長ら二人が訪れたのは、例年八月に行われてきた金念寺の「津嶋いさめ」の踊りだったのかも知れない。

相次ぐ「自決」

八月一六日、殉皇隊、醇成隊の隊員十二名は、「飛行納め」として思い思いに八日市飛行場を飛び立った。細井さんは、同じ隊の磯谷少尉と編隊を組み、琵琶湖から比叡山の上空を飛んだ。飛行場に戻ってから、河西督郎少尉が愛機とともに琵琶湖・竹生島沖に突っ込んだという報告を聞いた。

各務原飛行場からは、細井さんが戦技訓練を教えた東浩三少尉の死の知らせが入った。八月一七日に飛行場東南部の丘で割腹自決をしたという。

「特攻隊員たちをこのままにしておくと、みんなが自爆するかも知れない」と危惧されたためだろう、一七日に殉皇・醇成両隊員に大正飛行場（八尾市）に移動するよう命令が下された。大正飛行場では、松林に隠されていた燃料の管理などの雑務に従事し、八月二〇日にそれぞれの郷里に戻った。

細井さんは、再三の特攻出撃がいずれも中止になっての、「奇跡の生還」であった。

六十年ぶりの訪問

戦後、細井巌さんは、兵役前に在籍していた日本海洋漁業統制株式会社に復職した。日本海洋漁業統制はのちの日本水産である。細井さんは日本水産で捕鯨母船に乗り組み、南氷洋捕鯨に出漁し、また、陸上の総合工場に勤務するなど、戦後の食糧生産に大きく貢献された。

昭和三八年八月、終戦後十八年目に元隊員が集う機会があった。隊員の一人である岡本さんの案内で、細井さんは森本隊長ら四人と八日市飛行場を訪ねた。

さらに戦後六十周年にあたる平成一七年一一月。森本隊長、磯谷少尉、桑田軍曹が存命であったので、八日市飛行場跡や八紘荘への訪問を誘ったが、だれもが体調不良で、細井さんだけの来訪となった。

細井さんは奥さんとともに、住宅や工場が建ちならぶかつての陸軍八日市飛行場の跡地を散策された。当時の飛行場を偲ばせるものはほとんど何も残っていない。冲原神社ですら、往時とは大きく様子が変わっている。布引丘陵に残るコンクリート製の掩体壕にも案内したが、この掩体壕は細井さんの記憶にはなかった。

「そうですか、当時、こんなものが造られていたのですね」

大股で掩体壕の端から端までを歩き、「二十四メートルはある。これなら、爆撃機も入るなあ」と、コンクリートのドームを見上げた細井さんの横顔に、はじめてかつての特攻隊員の面影がよぎったのであった。

「特攻隊」さんたちのお宿

五個荘竜田町出身の小杉弘一さんは、終戦の年は京都工業専門学校（現在の京都工芸繊維大学）の二年生で、学徒動員で掩体壕づくりに従事された。

以下に「『特攻隊』さんたちのお宿」と題された小杉さんの文章をそのまま転載させていただく。

徴兵猶予で建築科二年生の僕たちも、学徒動員令で、関西各地の陸軍航空隊の飛行機を隠す木造の掩体壕群と、誘導路の建設に駆り出され、五名のクラスメイトとともに、布引丘陵の工事現場へ五月初めから勤務し、二週間に一度の休みは、土曜日の午後から日曜日の夕方までが休日でした。五月末の休みに帰宅して、わが家も「特攻隊」さんのお宿になっていることを知りました。

南・北五個荘村（当時）では金堂《こんどう》と竜田《たった》の旧家がお宿になっており、金堂の事はよく知りませんが、竜田では、竜田神社周辺の、松居久右衛門さん、松居久左衛門さんと我が家の小杉五郎右衛門と、中仙道ぞいの小杉五郎左衛門さんが、二〜三名の「特攻」さんのお宿で、表座敷と次の間の二間を使い、朝食後に八日市飛行場へ出勤し、夕食を済ませて帰宅されるという様な日課でした。

皆んな真面目な青年たちで、年齢は僕より四〜五歳年上で、中学四〜五年生で陸軍士官学校へ入学し、少尉に任官、航空隊で「本土決戦の特攻隊」の中尉に昇進のエリート集団だと聞いておりました。軍でも「優遇」の意味で、近江商人屋敷の旧宅をお宿にホームステイされたようです。

最初にお出会いした時に、僕は布引丘陵の工事の話をしたところ、「その工事に使う砂利を運ぶトラックに、時々便乗させてもらい朝の通勤のお世話になっているんです」と話された笑顔に、親近感を得た僕でした。

砂利運搬のトラックは、布引の現場から、右回りで吉住池をとおり旭村（当時）を抜け、中仙道を右折し竜田を通り、砂利採集場の愛知川で砂利を積み、建部を通り布引の現場の誘導路に運んでいました。（以下略）

第5章 昭和二〇年七月二五日の攻防

八日市飛行場と飛行第二四四戦隊

「制号作戦」と第二四四戦隊

昭和二〇年七月二五日、湖東上空で飛行第二四四戦隊は、グラマン二十数機を迎え撃ち、激しい空中戦を展開した。小《お》原《はら》傳《つとう》大尉が戦死したのはこのときのことである。『陸軍飛行第二四四戦隊史』（桜井隆著・そうぶん社出版・一九九五年刊）には、太平洋戦争の期間を通じて活躍した、第二四四戦隊の足跡が詳しく記されている。同書の関係部分を以下に要約し紹介する。

昭和二〇年二月、大本営は、本土決戦に備え航空戦力温存策をとり、空襲の際にも邀撃（迎え撃つこと）を行わないように命令を出した。しかし、無抵抗のままでは、戦闘飛行部隊の士気は低下し、国民の厭戦気分も招きかねない。このため大本営は、航空総軍に対し、敵大型航空機に対しては徹底した邀撃を実施するという「制号作戦計画」を発令した。

航空総軍司令部は大本営の指示を受け、航空戦力の運用を一元化して、必要なとき必要な地域に戦力を集中させるための措置をとった。飛行第二四四戦隊が八日市飛行場に集結したのは、本土決戦に向けた新たな航空戦略にもとづくものであった。

昭和二〇年七月一〇日、知覧で特攻機の援護作戦に従事していた飛行第二四四戦隊は、小牧への転進を命ぜられた。戦隊は、大刀洗《たちあらい》、防府を経て小牧に到着、二、三日滞在ののち、さらに八日市への転進を命ぜられた。

戦隊の主力は、一五日から一六日にかけて八日市に到着した。また、二四四戦隊整備隊の主力も、鉄道で戦隊のあとを追った。しかし、整備隊の一部は知覧、大刀洗の両基地に残留していた。これは、飛行第二四四戦隊が八日市で戦力を回復したのち、八月中にふたたび南九州に戻ってくると想定されていたからである。米軍の九州上陸は時間の問題と考えられ、そのときには第二四四戦隊は、九州近海に現れるだろう米機動部隊に特攻攻撃を行う予定であった。

昭和二〇年七月一六日、八日市飛行場に展開したばかりの二四四戦隊八機は、東海地区に飛来したアメリカ艦載機P51約百機に対し、演習の名目で出動し交戦した。このとき、米機を二機撃墜したものの、生野隊長機と二番機の戸井巌曹長がそれぞれ被弾墜落し、戸井曹長は戦死した。この戦闘は、第十一飛行師団司令部の意図に反したものであり、戦力の損耗をさけるべく、小型機に対する邀撃出動を厳禁するむねの命令が出された。

以後、第二四四戦隊は、米軍機がほしいままに跳梁するさまを、八日市飛行場で黙視することになる。

七月二五日早朝、師団司令部の厳命があったにもかかわらず、小林戦隊長はふたたび「戦隊教練」の名目で出動を命じたのであった。これは部下たちの憤懣やるかたない気持ちを汲み、前日から決断していたものとされる。空中戦闘後に帰還する飛行場もあらかじめ北陸の三国と定められていた。

午前五時五十分、警戒警報が発令され各隊（十数機）が離陸し、八日市飛行場上空で米機の侵入を待った。まもなくグラマンＦ６Ｆ十三機が低空で侵入した。戦隊は上空から有利な体勢で攻撃をしかけ、十機を撃墜（不確実四）、三機を撃破した。この空中戦で「そよかぜ隊」小原傳大尉が戦死した。

小原大尉の人柄について『陸軍飛行第二四四戦隊

艦載機グラマン F6F

史』では、「将来を嘱望されていた卓抜な戦闘機操縦者であり、ここまでに少なくともＢ29を六機撃墜した記録をもつ戦隊のエースの一人であった」としている。また、「寡黙なことでは夙《つと》に有名」で、同僚の白井大尉は彼の写真のコメントに、「一日中、話をしません」と記していた。

この日、第二四四戦隊「とっぷう隊」の生田伸中尉《いくたのぶる》も、グラマンＦ６Ｆと交戦中、超低空で逃走する敵を追跡するなかで、畑に積まれた藁《わら》の山に後輪を引っかけ地面に激突し戦死したと同書には記されている。

終戦前日の八月一四日にも、第二四四戦隊の「とっぷう」「みかづき」の両隊が、米軍大型機への邀撃命令を受けて、八日市飛行場から出撃した。このとき、とっぷう隊の玉懸文彦曹長が、生駒山《いこま》上空でＰ47の奇襲を受け被弾、四条畷《しじょうなわて》に墜落し戦死した。第二四四戦隊最後の戦死者であった。

八月一五日、第二四四戦隊の全員は整列して玉音放送を聞いたが、雑音が多く聞き取れなかった。「どうせ、ソ連が参戦したから頑張れということだろう」と麻雀に興じている隊員たちもいた。が、外の様子があわただしくなり、「日本が負けた」という声が入ってきた。

八日市に配置されていた教育部隊で、少年飛行兵が練習機で自爆騒ぎをおこした。また、飛行場大隊の幹部が物資を持ち出したことが発覚し、憤慨した兵隊たちが、殴り込みをかけ刃傷事件となった。しかし、第二四四戦隊の隊員は、敗戦の事実を冷徹に受けとめていた。

配備されたばかりの五式戦闘機二機を、機密保持のため焼却するよう指示があり、整備小隊の隊員がガソリンをかけて焼却した。

一六日、志鎌達一少尉らが、知覧、隈之荘（熊本県）、大刀洗に残留している整備隊に、「現地解散」の隊長命令を伝達に回った。しかし、大刀洗の機材班には命令が届かず、整備機材を貨車に積み込み、隊員たちも鉄道で八日市飛行場に到着した。彼らは、「戦争が終わってから、こんなものをもって来てどうするんだ」と怒鳴られて、即日除隊となった。

八月三〇日朝、第二四四戦隊の復員式が挙行されたが、小林戦隊長ら幹部は飛行場管理のため、ひきつづき滞留することになった。八月三一日午前十時、雨の中で「八日市飛行場監視隊」の結成式が行われた。

八日市飛行場の占領部隊長はゴールキー大尉であった。すべての軍用機の接収・焼却処分が完了した後、昭和二〇年一一月一九日、小林戦隊長らは帰郷した。

冒頭にも断ったように、以上の文章は、桜井隆著『陸軍飛行第二四四戦隊史』の関係部分を要約したものである。

日米で異なる「戦果」

大阪府枚方市の小松照さんに教えていただいた『液冷戦闘機・飛燕』（渡辺洋三著・文春文庫）にも、七月二五日の空中戦についての記述がある。関係部分を原文のまま次に掲載する。

沖縄戦終了後の七月一五日に、滋賀県八日市へ下がった二四四戦隊は、完全な本土決戦用部隊に決められて、対小型機戦闘を許されず、翌六月一六日に訓練の名目で発進した一部の機がＰ51と空戦したため、「出動禁止」とクギを刺されていた。

だが、誠意あふれる小林照彦戦隊長と隊員たちは、ひそんでいるのが残念でたまらない。七月二四日に艦載機が八日市を銃撃したことから、小林少佐は「きょうもかならず来るぞ」と待機し、翌二五日早朝の「小型機侵入」の報を受けると出動を決意した。「これより戦闘訓練を行う。飛べる機は全部飛ばす」の命令一下、三十機を越える五式戦が、砂塵を上げて八日市から舞いあがる。注①和歌山上空から大阪方面に向かうＦ６Ｆ群に、飛行場上空、高度四千メートルから襲いかかり、有利な空戦を展開した。

藤沢大尉は、一機に火を吐かせたが、航空士官学校で同期の小原傳大尉が一機撃墜ののち、Ｆ６Ｆに激突するのを目撃した。小原大尉は衝撃で機から放り出され、落下傘が開いたときにはすでに死亡注②していた。

戦隊はほかに生田仲中尉を失ったものの、十機を撃墜、三機を撃破し、五式戦では最大の、そして日本戦闘機隊にとって最後の戦果を報じた。

米側から見ると内容は逆転する。対戦したのは、空母「ベロウ・ウッド」に積まれた第三一戦闘飛行隊のF6F-5、十機。各務原と小牧飛行場攻撃が任務の彼らは、八日市飛行場の真上で「四式戦」十三機、「三式戦」二機（どちらも五式戦の誤認）と交戦し、日本側に撃墜八機、不確実撃墜三機、撃破三機を記録した。F6Fの損害は、損失機二機と被弾六機。損失のうち、エドウィン・R・ホワイト少尉は小原大尉機との空中接触で戦死、もう一機のハーバード・L・ロー少尉は地上に降りて日本軍につかまった。

注① 文中、「和歌山上空から大阪方面に向かうF6F群」となっているが、第二四四戦隊の一員であった藤沢浩三大尉の手紙には「既に敵機は大阪上空に侵入し、北上しておりました」と記されている。当事者の証言が当然正しいと思われるので、グラマンは大阪から八日市飛行場方面に飛来したものであろう。

注② この文章では、「（小原大尉は）落下傘が開いたときにはすでに死亡していた」とされているが、金華良寛住職の手紙（後述）にもあるように、小原大尉は落下傘で降下中をグラマンが射撃したため戦死したものである。

生田伸中尉戦死の地「倉田」はどこか

七月二五日早朝の空中戦では、米軍機二機が撃墜（体当たりによる一機と不時着一機）され、二四四戦隊にも二名の戦死者が出た。体当たりを敢行した小原傳大尉と、もう一人は生田伸中尉である。小原傳大尉のグラマン機体当たりは、当時、多くの人々が目撃していたので、状況をも含め、戦死の場所など詳細がわかっている。わからないのは、生田伸中尉である。

小原傳大尉

生田中尉については、『鯉城《りじょう》の花吹雪―亡き戦友を偲ぶ』（平成一一年一〇月・広島陸軍幼年学校第四十二期生発行）に簡単な経歴と記事が掲載されている。

それによると、生田中尉は大正一二年八月二九日、静岡市に生まれた。昭和一九年三月、陸軍航空士官学校を卒業、同年一二月に飛行第二四四戦隊に配属された。二〇年六月、中尉に進級。浜松、都城、知覧基地を経て、七月一〇日、陸

生田伸中尉

軍八日市飛行場に移駐した。

七月二五日。生田中尉は「超低空で逃走する敵機を執拗に追跡したが、蒲生郡倉田地区で畑中の藁の堆積に尾輪を引っ掛け、地面に激突し戦死」（『鯉城の花吹雪』）したのだという。「蒲生郡倉田地区」とはどこなのか。どのような状況で「地面に激突」し「戦死」したのであろうか。『日本地名大辞典』で調べても「倉田」という場所がわからないし、生田伸中尉戦死の状況に関する目撃情報もいまのところ何ひとつ得られていない。

生田中尉の遺族として記載されている実兄利治さんはすでに亡い。利治さんの奥さん（中尉の義姉、美代子さん）は、戦後、生田家に嫁がれてきたのでくわしい事情はご存じない。「四人兄弟の三人目」「口数の少ないおとなしい方だったとのことです」と教えていただいた。名前の「伸」を「のぶる」と読むことも美代子さんから教えていただいた。墓所は富士霊園（静岡県駿東郡小山町）にあるという。

生田伸中尉は、二十一歳という若さで東近江の空に散った。「蒲生郡倉田地区」とはどこなのか。どのような戦闘が展開されたのか。戦後七十年がたってはいるけれども、目撃した方を探し当て、中尉戦死の地でその霊に手を合わさせていただきたいと願っている。（山本真樹さんから『鯉城の花吹雪』に生田伸中尉の記事が記載されていることを教えていただいた。）

上羽田の田んぼにグラマン不時着

七月二五日の空中戦で、五式戦の銃撃を受けたグラマン一機が白煙を吹いた。同機は、蒲生上空から平田の方向へ高度をぐんぐん下げていった。この様子を見ていた、櫻川駐在所の巡査が駆け足でグラマンを追いはじめた。

グラマンは北西方向に降下をつづけ、エンジン停止状態で平田村上羽田西方《かみはねだにしかた》（現東近江市上羽田町西方）の水田に胴体着陸した。小字「倉地」というところである。

近くで植田仁三郎さん、イトさん夫婦が、「上げ草」という最後の田草とりをしていた。その目の前に突然の不時着機。驚いた二人は、傍らの白鳥川《しらとりがわ》に飛び込み、這うようにして家に逃げ帰った。植田さんはその後、ショックで寝込んだという。

不時着機の操縦席から米兵が姿をあらわした。彼は空に向けピストルの弾丸を発射しつくすと、機外に出てきた。そして人家の見える平石集落の方へ、白いハンカチを振りながら歩いていった。平石の森井政吉さん（当時、在郷軍人）は、徳昌寺《とくしょうじ》にあった通信隊にグラマン不時着を通報した。

このころ櫻川《さくらかわ》の駐在巡査のほかに、八日市憲兵分遣隊の憲兵や平田駐在所の巡査も現場に駆け付けてきた。間もなく米兵は逮捕された。まだ上空にはグラマンが飛び回っていたが、周辺の村々から沢山の人々が現場に集まってきた。鋤《すき》や鍬《くわ》を手にしていた人もいた。米兵はパンツ一つの姿で、目隠しをされていた。平田小学校の先生が通訳をしようとしたが、ほとんど話は通じなかった。

手にしていた竹で、捕虜の米兵を叩こうとした人がいた。憲兵が「何をするか」とそれをさえぎった。米兵は「鬼畜」と教えられてきた人の、憎しみをぶつけたいという気持ちは、当時の国民感情としてはわからない話ではなかった。むしろ、それを止めた憲兵が冷静だった。

米兵は、八日市憲兵分遣隊（現八日市大凧会館付近）に連行されていった。

『液冷戦闘機・飛燕』に、七月二五日の空中戦に関する記述がある。このとき、上羽田に不時着した米兵は、ハーバード・L・ロー少尉であったとしている。

空中戦の二十日後、終戦を迎えた。ロー少尉が無事に帰国したことは確認されているが、その後の消息はわかっていない。

数年後、不時着現場より南へ約三百メートルの白鳥川堤防に、ロケット弾が突き刺さっているのが見つかった。不時着の直前、自爆を避けるためグラマンが投下したものらしい。後日、警察予備隊により爆破処理された。

グラマンが不時着した水田など一帯は、すでに耕地整理、河川改修が進み、青々と稲が育って、平和そのものの農村風景が広がっている。

五式戦闘機

毎日

……したことは明かであり、また敵の宣傳機關であるエキス

グラマン十三機編隊を全部屠る

わが陸軍新鋭戦闘機の威力

【前線基地報道班員発】わが陸軍〇〇新鋭戦闘機隊は廿五日朝滋賀縣八日市上空でグラマンF6F十三機の編隊と遭遇、これを邀撃して瞬く間にその十機を撃墜、三機を撃破、來襲全機を撃墜破するといふ目覚ましい戦果をあげた

チェンジ通信廿四日の報道が、ポツダム會談の終了後日本に対し共同申入れを行ふことになつたといふ説を傳へてゐるのも、眞偽は明かでないが、いまや政治、軍事両面から対日戦の結末を急速につけようと全力を注いでゐることを示唆してゐるものといへよう

このやうな敵の最後の挑戦に対しわが方としては万全の邀備を整へ

戦果を報道する『毎日新聞』（昭和20年7月27日付）

注：グラマン不時着の話は、北岸善一さん・内堀甚一郎さん（東近江市上羽田町）から聞いた。

米軍尋問調書で知る「不時着事件」

「戦争遺跡に平和を学ぶ京都の会」代表福林徹さんが、グループ十数人とともに滋賀県平和祈念館や布引丘陵の掩体壕を見学に来られた。

福林さんと会ったとき、同会編『語り継ぐ京都の戦争と平和』一冊とともに、GHQ（連合国軍総司令部）調査課による尋問調書（和訳）コピー二種類（「平田村へのF6Fの墜落」「東押立村への艦上機墜落」）をいただいた。

尋問調書によると、平田村上羽田西方（東近江市）の水田に不時着し捕虜となった、ハーバート・L・ロー少尉の護送などに従事した日本側元憲兵隊関係者三人への尋問は、昭和二一年六月に行われている。

証言記録を要約すると、事件は次のような経過をたどっている。

グラマン不時着は午前六時三十分ころ。搭乗員ロー少尉は身長百八十センチぐらい。半袖シャツと半ズボン、空色の制服を着ていた。救命胴衣・軍用食糧をもっていた。空中戦で足に負傷をしていたが、自力で歩くことが出来た。八日市憲兵分隊に到着してから、医者をよび怪我の手当をさせた。

昼前、大津憲兵隊がトラックで捕虜の身柄を引き取りに来た。ロー少尉は手を縛られ目隠しをされて大津憲兵隊に移送され、その日のうちに大阪憲兵隊司令部に移された。「捕虜への虐待はなかったか」との質問に、三人とも「一切なかった」と答えている。

一九四六年九月、第七海軍区の法務官が帰国後のロー少尉に対して行った尋問記録もある。ロー少尉証言の一部を抜粋する。

「飛行機から出た時、傷を負っていたので包帯を巻いていると、茂みから女が出て来てピストルで私を撃ちました。しかし、失敗して走り去りました」「私を小さな町まで歩かせ、その間中、（住民たちは）私に罵声をあびせたり棍棒で打ったりしました」

「鬼畜米英」と教えられていた戦時下のことである。米軍捕虜への一般住民の怒りや憎しみは、やむをえないことでもあった。しかし、「女がピストルを撃った」との話はいくらなんでもありえないのではないか。駆け付けた憲兵もしくは飛行場部隊のだれかが、威嚇発射をしたことはあったかも知れない。

いずれにせよ、縁もゆかりもない人間同士が、争い憎しみ合わねばならない戦争の不条理を、尋問調書はあらためて教えてくれたのであった。

日米互角、七月二五日の空中戦

きっかけ

太平洋戦争末期に湖東地方一帯の上空で展開された、日米互角の空中戦を再度検証してみたい。昭和二〇年七月二五日早朝、湖東地方上空で、襲来してきた米艦載機グラマンＦ６Ｆ十数機と、これを迎撃した日本軍機十数機との間で、壮烈な空中戦が展開された。このとき八日市飛行場を僚機とともに飛び立った小原大尉機は、米艦載機グラマンに体当たりし、落下傘で脱出したところを機銃掃射され戦死した。

私がこの出来事を調べるきっかけになったのは、大森町老人クラブ（東近江市）が発行した文集『昭和二〇年八月十五日、その時そのころ私は』のなかの次の文章である。

昭和二〇年七月二三《ママ》日（注：七月二五日の記憶違いと考えられる）、空襲警報のサイレンが鳴るとすぐ、突然、雷をつんざくような、バリバリバリという音とともに、家の柿の木の下から見ていてちょうど法蔵寺（大森町）の前の藪の上から、艦載機グラマンが超低空で沖野の飛行場めがけて機銃掃射したときは、付近の人々を震え上がらせた。この時、中部第九十四部隊（正確には「飛行第二四四戦隊」）の小原少佐（当時大尉、戦死後二階級特進で中佐に昇進）が迎撃、敵機に体当たりして湖東町中里（東近江市中里町）上空で戦死した。その功績をたたえる碑が国道三〇七号線中里交差点手前に建てられている。（以上、福井稔朗『少年時代の終戦の日の回顧』より）

戦死した小原大尉の碑は、福井さんの文章のとおり、国道三〇七号中里信号付近の路傍に建立されている。碑は大小二基あり、大きい方の碑には「小原少佐之碑」、小さい方には「小原大尉空中戦落下地」と彫られている。双方とも裏面に「昭和二十年七月二十五日、岡村みつ　沢村志つ」の銘がある。

岡村みつ、沢村志つの二人は姉妹であり、すでに故人である。しかし、姉妹の親族である沢村宇三郎さんから、この二人の所有する水田に大尉が落下したため、私財で碑を建立したという話を聞くことが出来た。碑に「小原少佐」と彫られているが、それは姉妹の勘違いである。小原大尉が、戦死後二階級特進で中佐に昇進したことは、先に注記したとおりである。

沢村宇三郎さんからは、小原大尉の実兄小原哲夫さんが健在で、愛知県知多郡美浜町におられることを教えていただいた。小原哲夫さんの家族は、毎年、七月二五日前後に、この碑の参拝に来るとのことである。

平成八年二月下旬の寒々とした日曜日、私は愛知県知多半島美浜町に、直接小原哲夫さんを訪ねた。そして戦死された小原大尉は、名前を傳《つとう》といい、大正九年一一月三日生まれで、戦死当時は二十四歳であったことを知った。遺品の飛行眼鏡、軍刀、晒の腹巻、時計をはじめ、大尉の中学生時代の写生画、陸軍士官学校卒業時の遺書、任地からの手紙等々も見せていただいた。大尉の生い立ちや人柄についても話を聞いた。これらは本文を書き進める中で逐次紹介していきたい。

八日市飛行場では

当時の陸軍八日市飛行場の状況を記録した資料は何も残されていないので、正確なことがわからないが、飛行機や兵舎、諸施設が周辺部に分散疎開されていた。飛行場から幅十メートルくらいの誘導路が各所につくられ、布引丘陵の掩体壕《えんたいごう》をはじめ、御園・玉緒村の松林、中野村の雑木林などあちこちに飛行機が隠された。一部は愛知川町（愛荘町愛知川）の岡村酒造、西澤酒造の空き倉庫にまで運ばれていた。

飛行場の兵舎の一部が布引山丘陵に移された。

大阪陸軍航空廠八日市分廠の諸施設も各地に移された。分廠施設の一部は、現在の近江八幡市安土町総合庁舎のある竜石山（「小中山」とも）に洞窟をくり抜き、旋盤を据えつけるなど大規模な移転も行われた。

飛行機用の燃料や資材は、各地の神社などに分散して隠された。大森町・大森神社、三津屋町・

蛭子《えびす》神社、野口町・阿賀神社、五個荘伊野部町・建部神社などには、ガソリンのドラム缶がたくさん積まれていた。押立神社（北菩提寺町）にもサーチライトや自動車などが隠された。平田国民学校、市辺《いちのべ》国民学校、西押立国民学校などに、八日市飛行場の第八航空教育隊（九十八部隊）の兵隊たち多数が駐屯した。日野国民学校などへは、浜松航測連隊五千名が移駐して来た。浜松基地が米軍の爆撃・艦砲射撃でほとんど機能しなくなったためであった。

知覧から八日市へ

飛行第二四四戦隊は、昭和一六年一一月に編成され、戦隊長が小林照彦大尉で小林戦隊ともよばれていた。乗機は飛燕（三式）の液冷エンジンを空冷に改良した五式戦闘機で、皇居護衛隊として活躍し、昭和二〇年五月から知覧飛行場へ転進したのであった。

昭和二〇年六月一日付で、知覧から実家に宛てた小原大尉の手紙（ノートを破っての走り書き）を、実兄の哲夫氏が保存しておられた。そこには次のようなことが書かれていた。

「此所は九州南端にある飛行基地です。吾々戦闘隊がここに前進してからすでに十日、特攻隊は連日の如く出発し、帰るものは突入の電信のみ。ここに来てはじめて特攻隊出撃の気持ちが分かります。小生も沖縄方面に進攻すること数回、ただ好敵に出会はぬのが残念です。また、小生に万一のことがあっても何も後に遺しませんから何卒御悔み無き様に願ひます。」

昭和二〇年六月二三日、沖縄本島が米軍の手に落ち、本土上陸の時期と場所が、現実の問題になってきた。七月一〇日、飛行第二四四戦隊は、知覧から八日市飛行場への転進を命じられた。大本営の本土決戦に備えた配置である。

小原大尉は八日市飛行場へ来てから、父親にふたたび次のような手紙を出している。七月一六日付である。

「先日まで南九州にて戦闘していましたが、此度、戦局の変転とともに八日市に来り、中部・近畿に来襲する敵機の邀撃をすることになり、早速今日はP51を撃墜せんとて三重・名古屋上空を制空し久しぶりに半田《はんだ》上空も飛び、懐かしく思われました。八日市は、流石に無味な知覧より内地気分充満し、温味を感じます。そのうち雨が降って暇でもあれば半田にも帰るかも知れません。(後略)」

滋賀への空襲

米機による本土空襲は、東京、大阪、名古屋などの軍需工場爆撃にはじまり、一般民家の密集地へと拡大していった。地方中小都市への空襲もはじまった。琵琶湖がB29の飛行ルートの目印となり、毎日のように滋賀県の上空を大編隊が通過したが、五月まで県下にはほとんど空襲らしいものはなかった。

昭和二〇年五月一四日、彦根市上空で、B29の編隊に日本軍戦闘機が迎撃、その時の空中戦の機銃弾の破片で、旭森国民学校の児童五人が負傷した。六月二六日には、彦根市城南国民学校の近くに、Ｂ29が四発の爆弾を落し住民十余名が死亡した。学校を工場に見誤ったＢ29が、余った爆弾を落下させていったものだと考えられている。

七月二四日早朝、八日市陸軍飛行場への米艦載機の来襲があり、飛行場周辺の御園町で死者一名、負傷者二名の犠牲を出した。機銃掃射とロケット弾攻撃であった。この時の八日市飛行場の被害状況はわからないが、待避中の飛行機が炎上しているのを目撃している人もある。

同じ日の午前八時前、大津石山の東洋レーヨン滋賀工場に、Ｂ29から模擬原爆が投下され、死者十数人が出た。

しかしこの日、八日市飛行場から邀撃に飛び立つ飛行機は、一機もなかった。八日市飛行場の飛行第二四四戦隊は、大正飛行場の第十一飛行師団司令部の傘下にあった。司令部は、大本営の定めた本土決戦態勢に従い、戦力温存のため指揮下にある防空戦闘隊に、出動禁止の命令を出していたのである。

空中戦はじまる

翌二五日も、早朝から空襲警報が発令された。

米機来襲の情報は、事前に八日市飛行場の第二四四戦隊に届いた。この情報を得た小林戦隊の各戦闘機は次々と飛行場を飛び立った。この間の事情は小原傳大尉とともに当時小林戦隊の一員であった藤沢浩三大尉が、昭和三三年七月一一日付けで小原大尉の遺族に出した手紙からわかる。

「(前略) 七月二五日は、機動部隊接近の情報が伝わっていました。このときも出動命令は出ませんでした。既に敵機は大阪上空に侵入し北上しておりましたので、戦隊長は独断で命令して、戦隊全力の出動を行いました。全機の出動が終わり、三千米位上昇しましたときは、同じ高度に敵機の一群がおり、下方の一群は八日市飛行場に対して降下攻撃を開始しておりました。敵味方の機数はほぼ同数で、多分二十七機対二十五機だったと思います。(後略)」

小原大尉の実兄、哲夫さんが、後日、藤沢浩三大尉から直接聞いた話では、小林戦隊長は地上に置いた飛行機がグラマンに攻撃されるのを避けるため、待避目的で緊急離陸したものであったという。しかし、敵機による飛行場攻撃が開始されるに及んで、ついに見るに見かねて、自機の主翼を上下に振り、編隊各機に応戦を指示したものであった。「前日来の米艦載機の空襲に業を煮やした小林戦隊長が、独断で『戦闘教練』を名目に出動した」と記す書籍もあるが、いうまでもなく当時の戦隊員の証言が本当だろう。

飛行第二四四戦隊は、小林戦隊長の下に各隊が構成されていた。小原大尉は生野文介大尉を隊長とする「そよかぜ隊」に所属していた。当時、生野隊長は久居陸軍病院(三重県)に戦傷治療のため入院中で、この日は小原大尉が隊長代理としてそよかぜ隊を指揮していた。

グラマンに体当たり

谷はつえさん（八日市東本町）が、二階の窓から空中戦を見ていた。艦載機の乗組員がマフラーをなびかせて超低空を飛んでいくのが見えた。次に、その飛行機から火花がバーッと出た。日本の飛行機が体当たりしたのだった。

この空中戦の一部始終を、家の前のモチの大木に登って見ていた人がいる。当時、国民学校五年生の腕白小僧だった横溝町の加藤久吉さんである。少し長くなるが、臨場感があるのでその話をくわしく紹介したい。

「そのころは、しばしば八日市飛行場への空襲があり、今日も飛行場への空襲があるやろなと思っていたら、案の定、空襲があった。翼の先端の切れた米艦載機の編隊が、太郎坊山の上から飛行場の方向に急降下し順番に爆弾を発射していた。紫色の火が三筋ほどパーッパーッと出て、十秒から十五秒ほどするとその音がこちらに聞こえてきた。ロケット弾だったと思う。

しばらくその様子を眺めていたが、神社の森に隠れ全体が見えない。私は大急ぎで家の前のモチの大木に登った。そのとき、いつになく日本の飛行機が一機、私のすぐ頭の上を飛んでいった。翼がとても大きく見えた。機体は竹藪の色のような濃い緑色だった。

来襲した米艦載機のうち三機は、飛行場への攻撃のあと、南から北に向かって旋回しながら上昇して頭上を飛んでいった。この時、三機編隊の先頭の一機に、先に上がっていた日本の飛行機が旋回してきてボカーンと当たった。体当たりだった。二、三秒たっただろうか、上空で二つの物体に分かれ、それぞれがドラム缶のような形をして渦巻き状に墜落してきた。濃い橙色に、そして紫色に燃えていた。それは自分の上に落ちて来そうに思われた。」

まさに、小原大尉機がグラマンF6Fに体当たりした瞬間であった。

先に引用した藤沢浩三大尉の手紙には、このことについて次のとおり書かれている。

「戦闘は有利に進んでおりました。中盤戦が過ぎるころ、私の左下方で白煙がパッと上がりました。それが、小原君が体当たりされた瞬間でした。機体が太陽の光を受けて、一片一片がキラキラと落下していきました。しばらくして、落下傘が開きました。敵味方は不明でしたが、着陸後、それが小原君であることを知りました。

その間、我々は戦いを忘れてその様子をじっと眺めていました。それがきっかけとなりまして空中戦闘が終わりました。」

小原大尉は、グラマンF6Fに体当たりを敢行したのち、機外に脱出したのである。

モチの大木に登っていた加藤少年も、もちろんその落下傘を見た。次のとおりである。

「一方の機体からパッと落下傘が開いた。アメリカのものか日本のものかはわからなかったが、多分アメリカのものだろうと思った。落下傘は、こちらを向いて降りてきた。私の登っている木の下に、近所の安太郎さんがいた。〈安さん、大変やー。落下傘がこっち向いて降りてきよるー。アメリカの奴やー〉と叫び、私はモチの木から滑り降りた。そして安さんとともに近くにあった割り木を手にすると、落下傘の落ちていく方向に、中堤（溜め池）の縁を走っていった。

間もなくアメリカ艦載機二機が戻って来て、落下傘に向かいババババッと機銃掃射を加えた。私は、その様子を走りながら見ていた。そのうちに落下傘を見失った。今度は横溝の東の方向で火の手が上がった。そちらへ走った。途中で、平松の畳屋の新家に飛行機が落ち、燃えているという話を聞いた。」

加藤さんが駆けつけると、グラマンの墜落した平松（東近江市）の民家は火災をおこし、前の田んぼに米兵が墜死していた。当時の模様を、加藤さんは今でもありありと覚えている。

「青く生え揃った水田に、米兵が突き刺さるように落ちていた。飛行服が破れ、真っ白な大腿骨がザクロのような赤い肉を開いていた」のであった。

一方、小原大尉は、落下傘で機外に脱出したところを、グラマンの銃撃を受けたのであった。ただ、この大尉の落下傘脱出は、加藤少年を含め多くの住民に、最初はアメリカ兵だと勘違いされた。だから、落下傘が落ちてきた中里（東近江市）の住民は、「すわっ、アメリカ兵だ」と竹槍や鍬などを手に、とにかく現場へ駆けつけたそうである。

当時、国民学校三年生であった福田金左衛門さん（大沢町、昭和一二年生まれ）も、日米両軍機の墜落の様子を覚えている。

福田さんが田んぼの草むしりの手伝いを終わり、帰宅する途中であった。家の近くの曲がり角まで来たとき、突然、頭の上でドーンという雷のような耳をつんざく轟音がした。思わず見上げると、大きな火の玉が二つ、こちらへふわふわと落ちてくる。「危ないっ、自分の家に落ちそうや」。そう思いながら、福田さんは自分の家に飛び込んだ。幸い、火の玉は家には落ちなかった。まもなく、平松の方向から火の手が上がったのがわかった。

中里と平松に飛行機が落ちたという話は、すぐに村中に伝わった。福田さんは、まず中里の墜落現場を見にいった。落下傘で墜落した飛行兵は肌つやがよく、当初はアメリカ兵と間違えられていた。平松では、集落はずれの谷田さんの家にグラマンが墜落し、家は火災をおこしていた。前の田んぼには、血みどろになって絶命している米兵の姿があった。

落ちてきた火の玉の一つは、カジヤ溜に落ちた。戦後、カジヤ溜の水を抜くと飛行機の風防ガラスなどがたくさん出てきた。日本軍機のエンジン部は、大沢と横溝の境にある赤堤（新堤溜）のすぐ横に落下した。このエンジンは大沢の倉庫前まで運ばれ、長いあいだ放置されていた。

小原傳大尉の遺体が落下傘で落ちたのは、岡村みつ・澤村志つ姉妹の田んぼであった。岡村みつさんは産婆をしていた。姉妹は墜落現場に木標を立て、後に田んぼの畦に石碑をつくった。その後、道路の拡幅整備などで石碑は現在地に移された。

なぜ、体当たりを

小原大尉は、中里の岡村みつ・沢村志つ姉妹所有の田んぼに墜落した。東向きに、座っているような恰好だったという。

落下傘で墜落したのが日本の飛行兵であることがわかると、遺体は中里の正善寺本堂に運ばれた。当時の住職金華良寛さんが小原大尉の父馬治郎さんにあてた手紙が残っている（昭和二〇年一〇月一日付）。

「落下、直に上衣の裏を見た所小原大尉と記してあり、日本の将校だ、御苦労様御苦労様と一同御礼を申しました。直に白い落下傘で身体を包み本堂に安置し一般の人々は感謝に合掌されました。読経の後、部隊の自動車にて運びました」

この時の空中戦の結果は、僚友の藤沢大尉の手紙によれば次のとおりである。

「我々は暫く敵の退却を追いましたが、敵機の帰るものは僅かに五機でした。小原君の当日の戦果は、撃墜二機・撃破一機だったと思いますが、誤っておりましたら御許しください」

また、戦闘直後の二〇年七月二七日付『毎日新聞』は、「グラマン機十三機編隊全部を屠《ほふ》る―わが陸軍新鋭戦闘機の威力」として次のとおり報道している（Ｐ147参照）。

「わが陸軍〇〇新鋭隊は、二五日朝、滋賀県八日市上空でグラマンＦ６Ｆ十三機の編隊と遭遇、これを迎撃して瞬く間にその十機を撃墜、三機を撃破、来襲全機を撃墜破するといふ目覚ましい戦果をあげた」

日本側の戦死者は、小原傳大尉と生田伸中尉であった。生田伸中尉戦死の事情が不明であることは先述した。

この日グラマンは、湖東地方で住民に向け機銃掃射を加えた。午前六時三十分ごろ、彦根へ向かう走行中の近江鉄道電車が狙われ、二両連結の後の電車が被弾し、三名の死者を出した。鐘紡彦根工場でもロケット爆弾で二名が死亡、隣の近江絹絲（当時、飛行機の機体を製作していた）の寮も被弾し火災をおこした。

七月二五日の空中戦の結果については、直後の新聞報道ならびに藤沢大尉の手紙による「戦果」には誇張もしくは誤解がある。私が湖東地方で聞いてきたグラマンの墜落証言は二例しかない。一つは小原機に体当たりされ平松町に墜落したもの、もう一つは上羽田町に不時着し乗員が捕虜になったケースである。

一方、三重県津市の戦史研究家雲井保夫さんから次のような話を伺った。

雲井さんによれば、アメリカ側研究者の情報では、七月二五日、湖東地方に飛来したグラマンF6Fは、空母ベリアウッドを飛び立った第三十戦闘機隊二十四機で、当日飛行第二四四戦隊の五式戦と遭遇し十二機を撃墜した、としているそうである。アメリカ側の損失は二機で、小原大尉と空中衝突（米側の表現）し戦死したEdwin Ross White（エドウィン・ロス・ホワイト）少尉と、上羽田町に不時着し捕虜になったHerbert L. Low（ハーバート・ロウ）少尉であったという。ハーバート少尉は、戦後に無事帰国しているという。

このアメリカ側の情報と当時の日本側の発表とは、戦果と損失がちょうど正反対の相違を示している。双方とも自己の損失を二機とし、相手側に十数機の損害を与えたとしている。損失については事実に近い数字と思われるし、戦果については誇張し発表している。あるいは事実誤認がある。

後日、藤沢大尉が遺族宛に出された手紙に「敵機の帰るものは僅かに五機でした」とあることは気になるが、こういった空中戦のなかで正確な戦果を把握することは非常に困難なことであるに違いない。

もうひとつ疑問がある。小原傳大尉はなぜ体当たりをし、そして落下傘で脱出したのだろうか。体当たりに関していえば、多くはＢ29もしくは艦船など大型の敵に対して行われた戦法であった。大尉が愛機五式戦とほぼ同形の艦載機に体当たりした理由は何だったのだろうか。私の解釈はこうだ。小原傳大尉はグラマンＦ６Ｆを激しく追跡し、その結果として体当たり的なアクシデントが生じたのではないかということである。いわば一種のニア・ミスである。雲井さんの得られたアメリカ側の資料に「空中衝突」という表現が使われている理由も、そのあたりにあるのではないか。

日本機のＢ29への体当たり戦法として、体当たり直前に落下傘で機外に脱出することはそれまでにも行われたという。もちろん精神的・技能的に熟達した飛行士でなければ出来ない技である。

七月二〇日の帰郷

小原傳大尉の生い立ちや人となりを紹介しておきたい。

小原傳大尉は、岡山県勝間田町の生まれである。兄・姉・妹がいたが、数え歳六歳のころ、母芳野が三十四歳の若さで死んだ。四人の子どもは、母方の家に引き取られた。父馬治郎は、愛知県に出て警察官になり、愛知県半田市に落ち着くと順次子どもたちを引き戻した。

傳も半田中学校に転校してきた。学校の成績は優秀で、何事も人のいうことをよく聞く心優しい少年であった。ある日、兄の哲夫と山手の池へ遊びにいった。哲夫は水泳が出来たが、傳は泳げなかった。哲夫はその傳に「鼻をつまんで、飛び込んでみろ。そしたら泳げるようになる」と言った。弟は怖がってしないだろうと思いながら。だが、傳は兄に言われたとおり鼻をつまんで池に飛び込んだ。おまけにそのまま暫く浮き上がって来なかった。「あの時は、慌てましたね。」と哲夫氏は回顧する。

傳は、絵が好きであった。中学生時代の水彩画が何枚か残されているが、いずれも周辺の風景などを描いたもので、彼の優しい心根を偲ばせるものばかりである。のち、飛行第二四四戦隊に属してからも、自分のアルバムの余白に戦友の横顔や愛機のスケッチを残している（P135参照）。

傳は、中学四年生のとき陸軍予科士官学校を受験した。学力検査では問題なかったが、体格検査で不合格となった。そのため中学五年のときは勉強はそっちのけで、おおいに海で遊び体力づくりに励んだ。その結果、翌年は合格した。

昭和一六年三月一八日卒業、士官候補生となった。昭和一六年六月一日には陸軍航空士官学校に進んだ。間もなく太平洋戦争がはじまった。傳は、昭和一八年五月二〇日に同校を卒業し、少尉に任官された。

このころ太平洋戦争は、米軍のアッツ島上陸作戦がはじまるなど、緊迫の度合いを深めていた。陸軍航空士官学校卒業に際して、傳は、父馬治郎、兄哲夫にあてた遺書をしたためている。

「任務ニ斃レルハ傳ノ本懐トスルトコロ何等恋々ト言フコトナシ、満足ニ存ジマス。永久ニ皇国ニ生レ来タリテ敵国ヲ亡サン」

傳は、さらに約半年を三重県明野飛行学校で学んだのち、昭和一八年一一月二八日、第二四四戦隊に着隊した。そして、皇居護衛隊として首都の防空戦に参加、Ｂ29との空中戦を経験している。一九年八月中尉に進級、二〇年五月二〇日には知覧飛行場に転進し、沖縄戦に参加した。二〇年六月には大尉に進級した。そして二〇年七月に八日市飛行場に転進するまでに、Ｂ29、艦載機など十二機を撃墜破する戦果を上げていた（二〇年七月二七日付『毎日新聞』）。

八日市飛行場に転進してから小原大尉は、半田に住む父にあてて手紙を出した。はじめに紹介したとおりである。「そのうち、雨が降って暇でもあれば半田にも帰るかも知れません」と記してあった。その通り、彼は二〇年七月二〇日夕暮れに、ふいに半田の父馬治郎の元へ帰ってきた。兄の哲夫も家にいた。哲夫は、昭和一四年に現役の輜重兵《しちょうへい》として大陸に渡っていたが、怪我のため帰国、昭和二〇年三月ころから家で療養をしていたのであった。

兄弟二人は、一夜、いろいろと話し合った。

哲夫は弟に、「死ぬなよ。生きておらねば忠義は出来んからな」「階級はお前の方が上やが、軍隊のメシはわしの方が沢山食っとるからいうておくが、くれぐれも死ぬでないぞ」と何度も何度も繰り返しさとした。この時、傳は、ただ「うん、うん」と頷いていただけだったという。翌日、傳は友人たちを訪ねて回った。父馬治郎と二人で家の庭先で写真も撮った。父や兄、友人たちとの訣別の思いをこめての僅か一泊だけの傳の短い帰省であった。庭先で父とともに写真に写った傳は、心なしか生身の人間とは思えないほど冷たく澄み切った表情をしている。

傳が帰隊して一週間もたたない七月二六日、兄哲夫は新聞で「小原傳大尉の体当たり戦死」の記事を見た。しかし、つい四、五日前にあれ程「死ぬなよ」と念を押しておいた弟である。「たぶん同姓同名だろう。まさか、弟ではないだろう」と、記事がしばらく信じられなかった。八日市の飛行隊へ問い合わせる術もなく、何らかの連絡を待つほかなかった。

やがて武蔵調布の司令部より「オハラツトウタイイソウレツナルセンシヲトゲ……」との至急電

報が来た。数日後、八日市飛行隊から将校と下士官が、小原傳大尉の遺品を届けに来た。落下傘、軍刀、時計、飛行眼鏡などである。飛行眼鏡は、左目が銃弾で撃ち抜かれていた。間もなく中佐への二階級特進の通知があった。そして、すぐに日本敗戦の日がやって来た。

水盃でＧＨＱに出頭

体当たりされた米軍機飛行士エドウィン・ホワイト少尉の遺体は、平松と中一色の墓地（現ひばり保育園北側）に埋葬された。戦時中のことでもあり、憎い敵兵の埋葬は粗雑に行われた。終戦とともに、地元では粗雑に扱っていた米兵の遺体をあわてて丁重に葬り直した。間もなく米進駐軍が直接、戦死者の埋葬状況を視察に来た。

福田金左衛門さんの父・太平さん（明治三五年生まれ）は、日中戦争従軍後に兵役を解かれ、終戦前後は東押立警防団長をつとめていた。地域の防空責任者であり、空中戦体当たり事件の後始末にも関わりがあった。

間もなく、その福田太平さんにＧＨＱ（連合軍総司令部、大阪駅前の大阪中央郵便局に設置）から出頭命令が届いた。太平さんは、墜落死した米兵の処置につき責任を問われるのだと直感した。出頭当日の朝は、「生きて帰っては来られないだろうから」と夫婦で別れの水盃を交わし家をあとにしたという。

ところが、その日の夜、太平さんはにこにこ顔で家に戻った。米軍が墓地を実検したところ、米兵の遺体が丁重に葬られていたので、GHQ担当官は福田警防団長にねぎらいの言葉を掛けるため呼び出したのであった。

その夜、福田少年の机の上が乱雑に散らかっているのを見て、お父さんはこう注意したという。

「こらっ、机の上をきちんと整頓しろ。GHQの事務室の机はタイプライターが一台あっただけで、とてもきれいなもんやったぞ」

頬を撫でるように

昭和二〇年秋、小原傳大尉墜死の地、中里の田んぼの畦に「小原大尉戦死落下之地、昭和二〇年七月二五日午前六時三十分」と記された碑が建てられた。岡村みつ、沢村志つ姉妹の志であった。正善寺《しょうぜんじ》の金華良寛

小原少佐（正しくは中佐）の碑　国道307号線中里町に建つ

住職が読経した。

昭和三三年、老姉妹の手によって、改めて大きな石碑が建立された。姉妹は、「私たちの田んぼに大尉が落下されたのも何かの縁です。遺児がおられるのなら引き取って育てたい」とまで希望していたそうである。もちろん大尉は独り身であった。

正善寺の金華良寛住職が、大尉戦死から二か月後に遺族にあてた手紙（昭和二〇年一〇月一日付）には、当時の模様が生々しく綴られているので、あらためて全文を紹介する。

拝呈

初めて書翰を差し上げます。戦局の一変に驚き、あっけなく全く何物も手につき兼ねています。然しそうそうは申していられません。万事諦めて新生日本出発に進む外ありません。両女史（岡村・澤村の二人）去る三十日午前八時より、大尉が戦死降下の田の畦に心ばかりの標識を建て、永遠に記念すると両女史が申しておられます。両隣の人々を招き読経し、追憶にふけりました。涙も新たに、尽きせぬ忠義を語りました。

七月二五日午前六時ごろ、飛び立った大尉の空中戦は私共見ているものをはらはらさせました。大毎（当時の「大阪毎日新聞」記事のこと）同封、このようなこと位ではありませんでした。東に西に南に北に上下に、怖いのを忘れて一生懸命でした。まったく壮烈なものでした。

私の寺に運び（小原中尉の遺体のこと）、部隊より来らるるのを待って読経し、部隊へ共にお送りしました。当時は農繁期で、記念の碑も建てられず今日に及びました。ホン標（注：不明）だけですけど、両女史が志をお受け下され度く。お供物も送り度いと申しておられましたが、暑い時ですから遠慮されました。「小原大尉戦死落下の地、昭和二〇年七月二五日午前六時三十分」と書きました。畦の芒の穂が碑を撫でるように、秋風が吹いています。

頬を撫ずごと碑を吹けり芒の穂

筆紙に尽くし難く、大尉殿の肉の太った実に堂々とした体躯の主を思い、今日尚御姿が目の前に浮かんで来ました。落下傘で降下のときに戦死されていました。直ちに白い落下傘で身体を包み、本堂に安置し、一般の人々は感謝に合掌されました。読経の後、部隊の自動車にて運び、私は直ちに地方事務所学徒隊主事の仕事に出仕、所でも一日、大尉のことなどを語りました。拙文を草し呈しました。文意が尽くせません。御判読下さい。何米か上空で手毬位の大きさに見えました。途中、敵の機銃掃射を受け戦死されましたのです。落下直ちに上衣の裏を見た所、小原大尉と記してあり、日本の将校だ、ご苦労様ご苦労様と一同が御礼を申しました。文意、前後しました。当時を憶うと興奮して参りまして、手が震えて中々思うように書けません。

時下、御自愛下さい。

両女史は百姓で中年ですが、奇特な人格者です。

（昭和二〇年）拾月一日夜

第6章
飛行場に関わった地域の人々

こうして出来たコンクリート掩体壕

全国に残存するのは百五基

布引丘陵の麓、ダム用水管理道路沿いに、コンクリートづくりのドーム型掩体壕が二基残っている。造成工事は旧陸軍の手で進められたものであるが、掩体壕建設がいつ、どのように進められたかという記録は残っていない。

安島太佳由《たかよし》氏『日本戦跡を歩く』（二〇〇二年刊）には、全国のコンクリート製ドーム型掩体壕が写真で紹介されている。安島氏が確認されたところによると、現在残存している掩体壕は、全国で百五基（陸・海軍の合計）である。最も多いのが関東で二十九基、つぎに九州の二十五基である。北海道にも十一基あり、沖縄には七基が残っている。戦後破壊されたものもあるので実数はわからない。

近畿に残るドーム型掩体壕は、八日市飛行場の二基と大正飛行場（大阪府八尾市）に一基の合計三基である。大正飛行場ではコンクリート製ドーム型掩体壕が四十基以上つくられ、周辺でも八基以上の同掩体壕がつくられた（『日常の中の戦争遺跡』大西進）。戦後、それらは宅地開発のために解体され、一基が残るのみである。土地所有者にとって厄介なコンクリート製掩体壕が、今なお残っている理由は、撤去するのに数百万円以上を要するためである。

コンクリート入りバケツを吊り上げ

柴原南町《しばはらみなみ》のコンクリート製ドーム型掩体壕（六号＝『東近江市教育委員会調査報告書』）の土地所有者山田重信さん（柴原南町）から、掩体壕建設当時の状況などを教えていただいた。

山田さんは、工事がはじまったのは、昭和一九年の春から夏ごろであったろうといわれる。あちらこちらから徴用で来た人たちが、柴原南会議所で寝泊まりしながら、掩体壕やそれにともなう飛行機誘導路づくりの工事に従事していたという。昭和二〇年の冬は、その人たちが会議所の真ん中に大きな火鉢を持ち出し、薪を燃やし暖を取っていた様子を、山田さんは記憶している。敗戦で徴用された人たちが帰ったあと、会議所の中は煤《すす》だらけになっていたそうである。

誘導路や掩体壕の用地取得は、陸軍の一方的な計画で進められ、用地交渉らしきものは一切なかった。山田さんの父は、村の役をしていたこともあり、時どき軍部に地元の事情を訴えに行ったそうである。交渉相手は憲兵隊（現在の大凧会館付近）であった。しかし、何か補償的な話を持ち出そうとすると、憲兵は軍刀を抜いて板張りの床に突き刺し、「この非国民が」「国賊めが」と一喝したとのことである。

掩体壕がつくられるに際しても、陸軍から所有者に対する話は何もなかった。

山田さんは一度、掩体壕の工事現場を見にいかれたことがある。もちろん、当時は軍部が何をつくろうとしているのか、一切わからなかったそうである。工事現場に、山の傾斜を利用して、ドームの大きな型板が組んであったという。その型板は、地表から三、四メートルの木製の支柱で支えられていた。工事現場の真ん中には、コンクリートの入ったバケツを滑車で吊り上げるため、タワーが建てられていた。そのタワーでバケツを吊り上げ、上部の樋《とい》に練ったコンクリートを流し込んでいた。ドームの両横には、二メートル余の幅の広い溝が掘られていた。ドームの横壁になる部分であった。もちろん重機類はなく、スコップ、つるはしによる作業で、運搬道具はもっこであった。

すべてを放置し姿消す

武久梅吉さん（故人・尻無町《しなし》・大正五年生まれ）の話では、布引山麓の掩体壕や誘導路づくりを進めていたのは西本組で、大工たちは尻無集会所も宿舎にしていたという。大阪方面からの徴用工約百五十名は玉緒小学校講堂で寝泊まりしていた。さらに神崎、蒲生、愛知、甲賀郡からも、三百名くらいが誘導路づくりに勤労動員として駆り出されていた。

ドームづくりと並行して、山裾の飛行機誘導路の建設も進行した。しかし、多くの工事が未完成のうちに終戦を迎えた。

布引丘陵山麓のコンクリートドーム型掩体壕（７号掩体）

ドーム型掩体壕は型枠にコンクリートを流し込んだ後、中の土を掘り出す予定であったと思われるが、中途半端のままに放置された。宮溜の裾をとおり、山の麓につくられていた飛行機誘導路も、溜池の横まで来てストップした。型枠をはじめ、一切の物を放置したまま、軍隊も徴用の作業員も姿を消した。

無用の長物

コンクリート製の掩体壕の近くには、スレート屋根の木造倉庫が建てられていた。終戦後、中を見るとアルコール燃料が入っていた。倉庫の木材やスレート瓦などと一緒に、みんながそれらを適当に持ち帰った。

また、山田さんに、西沢久兵衛村長から、「掩体壕のコンクリートの鉄筋がほしいという業者がある。掩体壕の撤去費と相殺する形で、鉄筋を譲ってやってくれないか」という話があった。コンクリート・ドームを撤去してもらえたらありがたいので、山田さんは了解した。業者は早速、掩体壕の庇にあたる部分を砕き始めたが、なかから出てきた鉄筋があまりにも貧弱で、「これでは撤去費との採算が合わない」といって工事を止めてしまった。今なら十八〜二十一ミリくらいの鉄筋を使うところだが、掩体壕で使われていた鉄筋は九ミリのものが大半で、一部だけ十二ミリが使われていた。それでも軍部であったから、当時の貴重品の鉄が使えたのだろう。

西沢村長からは、「掩体壕をサツマイモの貯蔵庫にしてはどうか」という話もあったが、やがて食糧難も解消され、その話も実現しなかった。

掩体壕の存在には困り果てていたので、昭和三〇年代、山田さんは、憲兵隊跡にあった財務局へ「何とかしてほしい」と頼みにいった。財務局は、「うちではどうしようもない」とのことなので、最後は滋賀県出身の国会議員山下元利さんに、「国で何とか撤去してもらえないか」と頼んだ。しかし、その後、「あの土地を買収したという記録がないし、工事の状況を記したものが何もない。台帳がないから、国では何とも対応のしようがないといっている」との返事であった。とにかく、当時の見積りで撤去費が一千万円くらいにつくということだった。

以前に、鉄筋を取り出す工事を中止していたため、危険な状態であった。しかも、何ひとつ土地利用が出来ない。そのため、平成一四年六月、滋賀小松に頼んで撤去してもらおうと思った。滋賀小松はビルを潰す大きな重機を持って来てくれたが、コンクリート壁が固くて歯が立たない。鉄筋は貧弱だったが、セメントは戦時中でも豊富にあったとみえ、強度だけは格別の仕上がりであった。落ちていたコンクリートのかけらを割ってダンプで運び出し、かろうじて整地をしただけで終わった。それでも、かなりの経費が必要だった。

山田重信さんは、「陸軍八日市飛行隊の遺跡として、より多くの人に関心をもってもらうのは結構なことだと思っている。しかし、現在のままでは、コンクリートがいつ落ちるかわからないし危険である。何らかの補強工事を施したうえで、役立つのなら、それはそれでよいと思っている」と話している。

木造の掩体壕

小杉弘一さんは、五個荘竜田《たった》町の出身で、彦根中学校（現彦根東高校）卒業後、京都工業専門学校（現京都工芸繊維大学）建築科二年のとき（昭和二〇年五月）、学徒動員で布引丘陵の掩体壕づくりに派遣された。

掩体壕は、コンクリート製ドーム型のものだが、土で片仮名のコの字型に堤をつくり、収納した飛行機の上にカムフラージュのために網や樹木をかぶせるものもある。

さらに八日市飛行場では、木造の掩体壕もつくられていた。小杉さんは木造掩体壕の製作に従事していた。コンクリートや鉄筋などの資材が不足し、木造で代用せざるを得なくなったのかも知れない。

木造掩体壕といっても基礎（土台）はコンクリートである。基礎の上に木柱を建て、梁《はり》を組んで屋根をつくる。そこに、野地板を張り付け、防水紙をかぶせる。上を山土で覆えば完成で、製作日数は一棟につきほぼ一か月であった。布引丘陵沿いには、このような木造掩体壕が五、六棟出来上がっていたという。うち二棟には二枚羽根の「赤トンボ」が収納されていたそうだ。コンクリート製でないから、木造掩体壕は直撃を受けたらひとたまりもない。完成寸前の木造掩体壕が、雨水を含んだ山土の重みで潰れたこともあったという。

武久梅吉さんの話では、材木の多くは九十八部隊兵舎の廃材が利用されていたとのことである。当時、空襲の被害を避けるため、飛行場敷地内の兵舎はかなり間引きされ、兵隊たちは付近の小学校に疎開していた。また布引山麓や八坂神社周辺にも仮設兵舎がつくられていたという。

平成二〇（二〇〇八）年九月二五日、小杉弘一さんや藤本長藏さん（八日市郷土文化研究会）とともに、布引丘陵沿いの掩体壕をあらためて調べてみた。

四号掩体壕のすぐ西に、コンクリートの基礎一対が残っている。運動公園の範囲に入っているので、周辺部が整備され見つけやすい。学生時代、小杉さんが製作に取り組まれた木造掩体壕のコンクリート基礎部分である。同じものが名神高速道路のトンネル西側にも一対残っている。

わが国の戦争遺跡にくわしい安島太佳由さんの調査では、天理市の大和海軍航空隊基地跡に同様のものが四基残っているそうである。コンクリート基礎に木造掩体を組み立てるというパターンは全国的に報告例が少ない。あるいは、ドーム型にくらべ基礎が土中に埋もれやすく見つかりにくくなっているのかも知れない。

田んぼを潰して誘導路造成

布引丘陵の掩体壕に飛行機を隠すためには、飛行場から掩体壕まで、飛行機を運ぶ道路（誘導路）が必要である。軍は二本の誘導路をつくっている。一本は柴原南町の西側を通り宮溜の堤を利用したルートで、もう一本は下二俣町のすぐ西をとおり布引丘陵山麓に至っている。

武村友幸さんが当時の状況を覚えておられた。

昭和一九年。まだ、菜種《なたね》が三、四十センチくらいにしか伸びていないころだったので、おそらく二

誘導路のルート　武村友幸さん、谷貞男さん、小倉栄一郎さんの記憶に基づき作成。

月か三月のことだろう。布引丘陵の山裾を削った土砂が、トロッコで運ばれて来て、田んぼが埋められた。集落の西側を弓なりにカーブし、宮溜の堤に出て丘陵沿いの東西方面の誘導路につながっていた。作業には朝鮮半島出身の人たちも従事していた。村に話はあったが、きちんと登記が出来た道路ではない。武村友幸さんの記憶にもとづく誘導路のコースは別図のとおりである。

武村勘一さんの記録文『柴原南と飛行場』によると、誘導路は幅約八メートル、一、三メートルの高さに土盛りがされていた。誘導路建設に先立ち、仮設道路が集落内の中央を南北につらぬいてつくられた。このため、小屋、樹木が撤去されたという。

戦後、個々の地主が誘導路をもとの水田に復元するための苦労は大変なものだった。

一方、布引丘陵沿いにも、尻無町から長谷野に至る東西約三キロメートルにおよぶ誘導路がつくられた。飛行場から運んだ飛行機を、丘陵沿いの各掩体壕につなぐ道である。もともと布引山の裾に道路がなかったので、山裾の斜面を切りとり、その土砂で田んぼを埋めてつくったのである。近郷からの勤労動員の人たちが一輪車を押し土砂運搬の作業をしていた。山裾に杉の良木があったが、飛行機の翼が引っ掛かるということですべて伐採された。現在のダム管理道路は、この道が多く利用されている。丘陵沿いに防空壕三穴が掘られていた。三つの穴は奥でつながっていたという。飛行機運搬中に空襲に遭遇したとき、避難するためのものであったのかもしれない。

集落横の誘導路を飛行機が引っ張られていく様子を、武村さんは記憶していた。前方を自動車が引っ張り、後方では尾翼車輪を梯子のようなもので挟んで舵をとっていた。誘導路の地盤は十分に固まっていなかった。飛行機の車輪が道路脇の軟弱な部分にめり込み大きく傾いたまま、しばらく放置されていたこともあった。誘導路と旧県道の交差したところに竹藪があり、その脇に軍が管理する製材所があった。製材所では、掩体壕の型板をつくっていたという。

誘導中の飛行機が大きく傾いていたことや軍関係の製材所のことは、当時、小学校三年生だった谷弥比智さん（芝原《しばはら》町）も記憶している。

誘導路―下二俣ルート

飛行場から、蛇砂川、一本橋を越え、下二俣《しもふたまた》集落のすぐ西側を通過し、布引山麓に向けての誘導路について、谷貞雄さん（下二俣町、昭和七年六月生まれ）、小倉栄一郎さん（下二俣町、昭和六年生まれ）に、下二俣ルートを地図に下ろしてもらった。

谷さんの記憶では、誘導路の建設作業に従事していたのは、土建業者や大阪方面から来ていた徴用の人たちだったらしいということである。なかには、終戦後もそのままこちらに居着く人もいた。

徴用で来た作業員の多くは、下二俣衆議所（現町民会館）に寝泊まりをしていた。作業員が、衆議所の付近で赤いコッペパンを頬張っていることもあった。コッペパンが赤かったのは小麦かすが沢山入っていたためで、米のご飯の方がもちろん上等である。しかし、子ども心に、谷さんはコッペパンを見て、「珍しいな、食べたいな」と思ったという。

飛行場から伸びた誘導路は、県道を越え下二俣の一等田《いっとうだ》（土質がよく安定して収穫のできる田んぼ）を斜めに横切り、下二俣墓地の横から山麓沿いの誘導路へと接続していた。集落付近では県道と同じレベルで、せいぜい五十センチ前後の高低差であったが、山麓部に近くなるとスロープがせり上がり、田んぼから二メートルほどの高さになっていた。蛇砂川には、丸太の橋が架かっていた。武久梅吉さん（大正五年生まれ）の話では、柴原南町西側の誘導路は、布引山麓に至る直前で終戦になり、未完成で終わったとのことである。

「味噌を下さい」

これらの誘導路で潰された水田は、戦後、所有者自身が元に戻さなければならなかった。補助金・補償金などは一切出なかった。土盛りが高かった場所とか、人手が不足した家では土地改良事業の実施まで、誘導路がそのまま残っていたという。

谷貞雄さんの家は、下二俣集落の真ん中を南北にとおる道沿いにある。この道路は、飛行場の本隊から掩体壕の歩哨に出てくる兵隊たちの往復コースになっていた。毎朝、三、四人の兵隊が、谷さんの家の前をとおった。要領のよい班長は、谷さんの家の前で「頼むぞー」といって軍足（軍隊の靴下）を一足分、家の玄関に投げ込んでいく。歩哨の兵隊たちが戻ってくるころ、谷さんの母親が握り飯数個をつくって待っている。班長は帰隊する途中に握り飯を喜んで受け取り、部下の兵隊たちにもわけてやっていた。

雪が降った日、こんなことがあった。若い兵隊が、味噌汁の入った大きな鍋を、部隊から布引丘陵山麓に運んでいた。ところが、あいにく雪道で足を滑らせ、鍋をひっくり返してしまった。兵隊はあわてて谷さんの家に駆け込み、「味噌を下さい」と泣きついた。味噌汁の具はまだ鍋に残っていたので、味噌と湯を加えかき混ぜたら、何とか元の味噌汁になる。若い兵隊は谷さんのお母さんから味噌と湯をもらい、どうやら無事に味噌汁鍋を、山麓にいる部隊まで届けたとか。

谷貞雄さんは、ほかにも下二俣にかかわる出来事を記憶していた。

下二俣集落から蛇砂川の橋を渡り、新しく拡張された飛行場へ入ったところに、木製の囮《おとり》の飛行機がおいてあった。来襲した米軍機に無駄な爆弾のひとつでも落とさせようと、軍部が近隣の国民学校に命じてつくらせたものである。昭和二〇年七月下旬の空襲のあと、見にいくと、囮の木造飛行機は見事に爆破されこっぱみじんになり、その跡に大きな穴があいていたという。

下二俣地蔵堂には、無線機らしきものをもち込んだ部隊（通信部隊か）が寝泊まりしていた。集落の西の端にある「学校跡」と呼んでいた村有地には、地面に直接屋根をおいた形の三角兵舎一棟が建っていて、穴ぐらのような住居に二十人くらいの兵隊が入っていたという。

赤松林を切り拓いて

軍命令「松林を伐れ」

現在は工場などが進出しているが、かつては旧九十八部隊兵舎付近から東に向かう八風街道の両側には、鬱蒼《うっそう》とした赤松林がつづいていた。陸地測量部の地図で見ると、飛行場の東端から御園町の手前まで松林がつづいている。これらの赤松林を伐採し、多数の飛行機避難所と飛行機運搬の誘導路がつくられた。

西村治さん（林田町、昭和五年生まれ）は、軍命令で松林を伐《き》った経験をもっている。

現在の東洋ラジエーター工場敷地内に、西村さんの持ち山が二、三反あった。昭和一九年秋、部隊（あるいは部隊の命を受けた役場）から、持ち山の赤松を伐れという命令が出た。すでに、伐採すべき範囲には縄が張ってあり、それぞれの所有者が自己責任で樹木の伐採をしなければならなかった。当時、西村さんの父は二回目の召集を受け、小笠原諸島父島の守備隊員として家を留守にしていた。西村さんは、中学校二年生。六十四、五歳の祖父善治郎さんとともに持ち山に通い、縄張り範囲内の赤松の伐採作業をしたという。のこぎりで切り倒し、薪になりそうな長さの丸太にしてリヤカーで家までひいて帰った。あちこちの松林で村の人々が伐採をしていたので、山はちょっとした賑わいだったという。人手がない家は、近所の人が応援をした。松茸が出るので例年なら「止め山」のシーズンであった。しかし、その年は「止め山」にはならなかった。西村さんは「松茸が自由に採れたのだけは嬉しかった」と回顧する。

これら赤松の伐採費や、飛行機避難所や誘導路の借地料が、どのようになっていたのかは、少年だった西村さんは聞いていない。

飛行機が隠してあった周辺の赤松林は、いずれも激しい機銃掃射を受けていた。翌年ころの台風で、銃弾を受けた赤松はすべて、被弾部分で折れて倒れたという。

赤松林に隠されていた旧日本軍機は、戦後、子どもたちの遊び場になった。西村さんの所有地にあった飛行機の機種は不明であるが、かなり新しくすぐ実戦に飛び立てるよう弾丸も装填《そうてん》されていたという。林のなかに放置されたまま雪をかぶっていた飛行機の姿を、西村さんは覚えているので、アメリカ占領軍が八日市飛行場の旧日本軍機すべてを処分し終えたのは、昭和二一年春以降であったと思われる。

掩体壕へ運搬中に空襲

五百キロ爆弾を装着する懸吊架付け

中村秋夫さん（芝原町、昭和四年生まれ）は、昭和二〇年九月ころまで、大阪航空廠八日市分廠で働いていた。平成二二年八月、私は武村勘一さんとともに中村秋夫さんを訪ね、当時の状況を聞かせてもらった。

中村さんは軍属採用試験に合格し、昭和一八年から三か月間の訓練を受け、大阪航空廠八日市分廠に勤務した。機体工場に配属されたが、ここだけでも当時は百名程度が働いていたという。平常の作業は、運ばれてきた航空機の翼や胴体の穴などに「継ぎ当て」をすることであった。

昭和二〇年になると、三重県の明野飛行場から飛んでくる飛行機（隼《はやぶさ》）に「懸吊架《けんちょうが》」を取り付ける作業がつづくようになった。機体に五百キロ爆弾を装着するための懸吊架という金具を、一晩のうちに取り付けるのである。次の朝、懸吊架のついた隼は九州の基地に向かって飛んでいった。

そんなころ、中村さんより一、二歳ほど若い飛行兵が、「握り飯を食べさせてくれ」と頼んできた。

家で白米を炊いて握り飯をつくり、十個ほどもっていき彼に渡した。あとで彼から、「自分の戦友たちが『これが家で食べていた握り飯の味だ』と涙を流して喜んでいた」という話を聞いたという。飛行兵ですら、当時はひどい麦飯しか食べられなかったらしい。

軍刀を振りかざし絶叫

昭和二〇年七月二三日の夜、中村さんは、誘導路を通って飛行場から布引山の掩体壕まで、飛行機を牽引する作業に従事していた。明野飛行場が米軍の艦載機にやられ、隼がこちらへ逃げて来たためである。三人ずつ前後にわかれ、トラックで飛行機を引っ張り布引の掩体壕に入れる。模様の入った網を機体の上にかぶせる。一機を掩体壕に入れると、ふたたびトラックで飛行場まで戻り、また次の一機を牽引した。

こうして三機目を牽引していた二四日の朝のことであった。下二俣の墓地付近まできたとき、急にグラマンの空襲があった。爆音とバリバリッという猛烈な機銃音。びっくりして、みんなが飛行機やトラックから飛び離れ、命からがら近くの茂みに身を隠した。そのとき機体牽引の指揮をとっていた八木という二十四、五歳の中尉が軍刀を引き抜き、飛行機の上に飛び乗った。「こらっ、貴様らは自分の命が大切か、飛行機が大切なんか、どちらなんだ。出て来いっ！　飛行機を運べっ！」と絶叫した。それでもみんな茂みに隠れたままで、だれも姿をあらわさなかった。

竹カーテンをかぶせた戦闘機

山口絹代さん（大阪府茨木市）から、飛行機にかぶせる「竹カーテン」の話を聞いた。

終戦の年、彼女は豊椋《とよくら》国民学校（現湖東第三小学校）五年生であった。工作の時間には、疎開児童に提供する「草履づくり」などに励んだ。

ある日、先生から「縄を綯《な》って、供出するように」という指示が出た。その量は「数貫目」という単位であり、とても子どもの力では出来そうにはなかった。体よく、児童の家庭に「割り当て」を課していたのである。それでも彼女は、小さな手でなんとか縄綯いをはじめた。母親が、村のお年寄りに頼みこみ、どうにか割り当て量の縄をまとめ、学校に供出したという。

また学校では、二歳年上の高等科生徒が、青竹を細長く割る作業をしていた。割った竹を何本もならべ、女子児童から供出された縄でつなぎ、大きな竹のすだれのような、カーテンをつくっていた。「米軍機の空襲を避けるため、カムフラージュ用として飛行機にかぶせる」という話を彼女は聞いた。「大きな飛行機にかぶせるものをつくるなんて、大変だろうな」と思ったが、完成した竹カーテンを見たわけではない。

山口さんは、その竹カーテンが実際に使われているのを見た人を紹介してくれた。彼女の小中学校時代の同級生、坪田末治郎さん（東近江市五個荘石馬寺町）である。その坪田さんの話は、次のとおりである。

愛知川左岸、河桁御河辺神社から三百メートルほど下流の松林のなかに、戦闘機が二、三機隠してあった。機体には例の竹カーテンがかぶせてあり、さらにその上に枯れ草が載せてあった。「こんな所に飛行機をおいているが、なぜ使わないのだろう」と不思議に思ったそうである。

坪田さんはまた、八千代橋の袂《たもと》（八日市側）に、大人の身長くらいはある爆弾が、野ざらしで何百本も隠してあったことを記憶していた。坪田さんの長兄は当時、宇治の軍需工場で働いていたが、帰郷したときこの爆弾群をみて、「爆発したらこのあたりは全滅や」と語っていたという。

空襲激化のなかで、軍は戦力温存を図っていた。長森（中野地区）には、戦闘機と中型輸送機が隠してあった（北岸善一さん）。石谷町藤の森地区の八風街道沿いにも戦闘機（飛燕）三機が隠されていた（藤澤喜八郎さん）。中野町・百年森にも小型機二、三機が隠してあった（小梶新一さん）。

爆弾は竹田神社境内（鋳物師町）にもおいてあったし、航空燃料入りドラム缶が御河辺《みかべ》橋袂（中岸本町）、若松天神社境内（外町）、大城神社境内（五個荘金堂町）、大森神社前（大森町）などに積まれていた。鋳物師《いものし》町、鈴町の丘陵の洞穴には航空機用タイヤが、また、押立神社の森には落下傘が隠されていた。

布引丘陵の掩体壕群

観察可能となった土製掩体壕

布引丘陵北麓には、東西約一・六キロメートル（道路の湾曲を加味すると約二キロメートル）の間に、十七基の掩体壕群が残存する。

十七基を類別すると、次の三種類である。

①コンクリート製ドーム型掩体　二基
②コンクリート基礎木造掩体　五基
③土製無蓋掩体　十基　（以上、東近江市教育委員会調査による）

コンクリート製ドーム型掩体壕は、近畿地方には現在三基しか残されていない。一基は第十一飛行師団司令部のおかれた旧陸軍大正飛行場（八尾市）周辺地に残る。大正飛行場には四十基以上のコンクリート製掩体壕がつくられた（『日常の中の戦争遺跡』大西進）が、戦後の開発により一基を残しすべて破壊された。

コンクリート基礎木造掩体壕についても、大正飛行場に五基がつくられた（前掲書）というが、現存していない。

土製の掩体壕は、各地の軍用飛行場周辺に多数つくられていたが、ほぼすべてが姿を消している。しかし、布引丘陵部には、これら三種類の掩体壕が戦後七十年の歳月を経てなお、「群」として残存する。太平洋戦争の姿を伝える貴重な戦争遺跡である。

布引掩体壕群については、平成一二年にはじめて「皇子山《おうじやま》を守る会」（松田常子会長＝当時）が測量調査を行った。同会の調査ではコンクリート製ドーム型掩体二基をはじめ、土製掩体など十基を確認している。

平成一九年から二一年にかけ、布引運動公園造成を契機として、東近江市教育委員会文化財課（現歴史文化振興課）が、丘陵北側に存在する掩体壕の綿密な調査測量を行った。昭和二五年に『東近江市埋蔵文化財調査報告書』第二十一集「布引掩体群測量調査」としてその結果が公表された。これによって、現存する掩体壕群の全体像が把握できる。

これまで、土製掩体壕への積極的な関心はほとんど深まっていなかった。その理由は、いずれも猛烈なブッシュの中に点在していたので、土塁を探し出すだけでも精一杯という状況が原因であった。

先の教育委員会の調査で、「バチ形」「馬蹄形」「凸形」など、同じ土製掩体壕でも形状が異なっていることが明らかになった。

さらに、近年、丘陵部（尻無・下二俣地先）で森林整備が進み、ブッシュが解消されたので、比較的容易に土製掩体壕の全体像を観察できるようになった。

また、丘陵頂上台地まで登ることも出来るようになり、機関砲台跡などの観察があらたに可能となった。

御園地区山林の掩体壕と米軍空中写真

旧陸軍八日市飛行場では、土製の掩体壕が飛行場以東の松林（御園地区）と布引丘陵部でつくられた。御園地区の土製掩体壕については、西村治さん（林田町、昭和五年生まれ）や池田圭三さん（五個荘金堂町、昭和六年生まれ）から話を聞いている。

昭和二〇年初夏、御園地区山林での掩体壕づくりに、八日市中学校の生徒が学徒動員で参加した。池田圭三さんもその一人である。

池田圭三さんに、当時の掩体壕の図面を描いてもらった。これによると、誘導路の幅は二十メートルあり、誘導路から二百メートルも枝分かれしてつくられた掩体壕もあったという。

戦後間もなく、極東米空軍が占領政策遂行の資料とするために、日本全土の空中撮影（四万分の一、都市部や基地所在地周辺は一万分の一）を行った。旧陸軍八日市飛行場とその周辺部の上空写真も存在

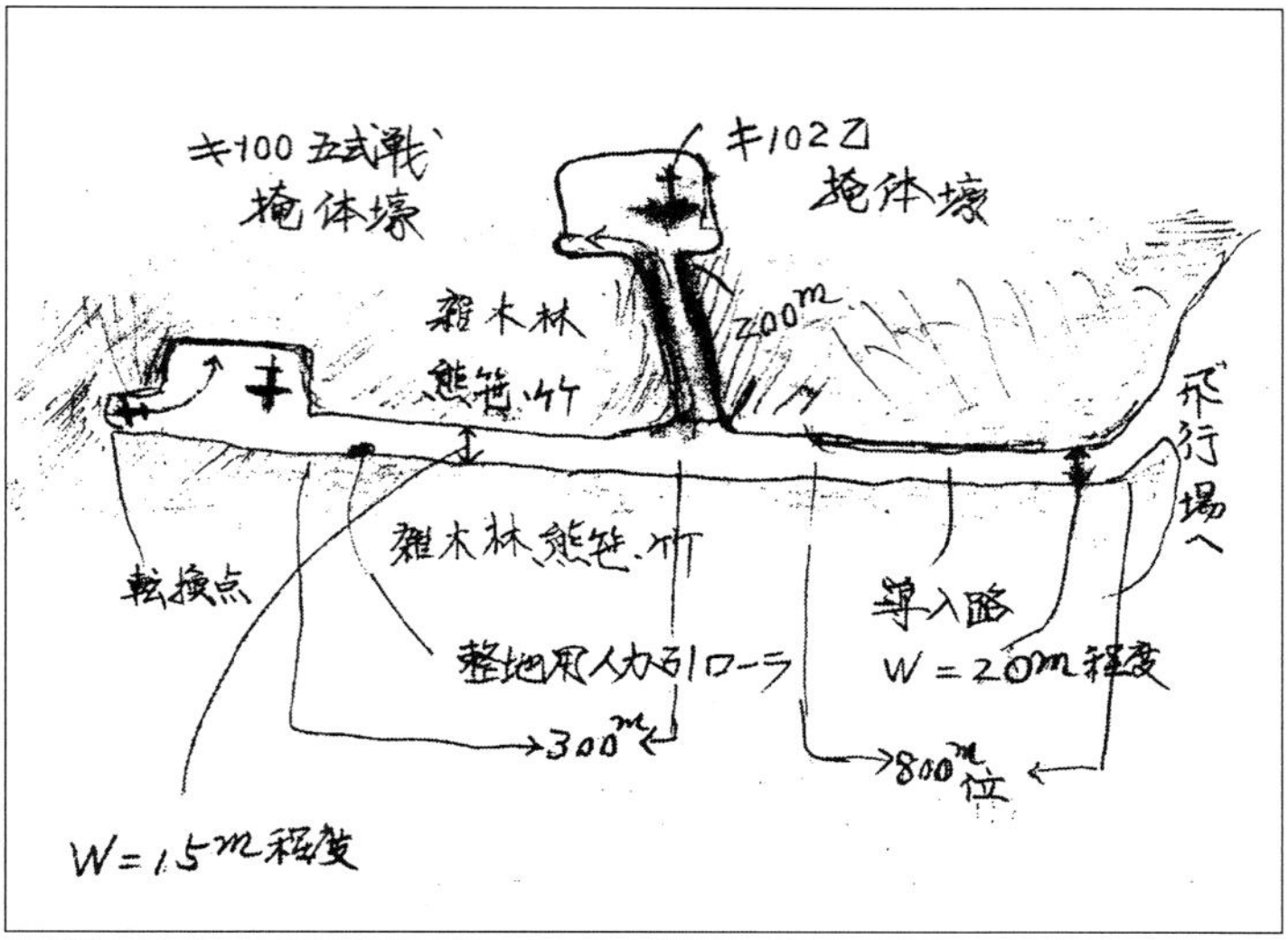

御園地区山林の土製掩体壕　池田圭三さん作図

する。

「3　NOV. 47」（一九四七年一一月三日）の撮影期日を記した旧陸軍八日市飛行場の上空写真を見ると、飛行場の東側山林一帯にまるでモグラの通り道のような不規則な線条が見える（P194）。これらはいうまでもなく、赤松林のなかにつくられた掩体壕への誘導路である。掩体壕は識別しにくいが、誘導路は明瞭である。これだけの誘導路があることは、御園地区にはかなりの土製掩体壕がつくられていたと推測できる。

しかし、戦後間もなく御園地区山林の開墾、開拓が進み、掩体壕はすべて姿を消した。掩体壕が何基あったのかを示す記録はない。

布引丘陵の掩体壕群

布引丘陵の掩体壕づくりがはじまったのは、昭和一九年からである。まず、飛行場から丘陵部に向け誘導路がつくられた。下二俣集落西側と、柴原南集落西側の二本である。

もともと布引丘陵山麓に沿った道はなかったが、斜面を切り取り、その土砂で田んぼを埋めて、長谷野に至るまでの東西約三キロメートルに及ぶ誘導路がつくられた。山裾には杉の良木があったが飛行機の翼が引っ掛かるということですべて伐採された（柴原南町、武村勘一さん『柴原南と飛行場』）。

武村友幸さんの話では、工事がはじまったのは、菜種が三、四十センチくらい

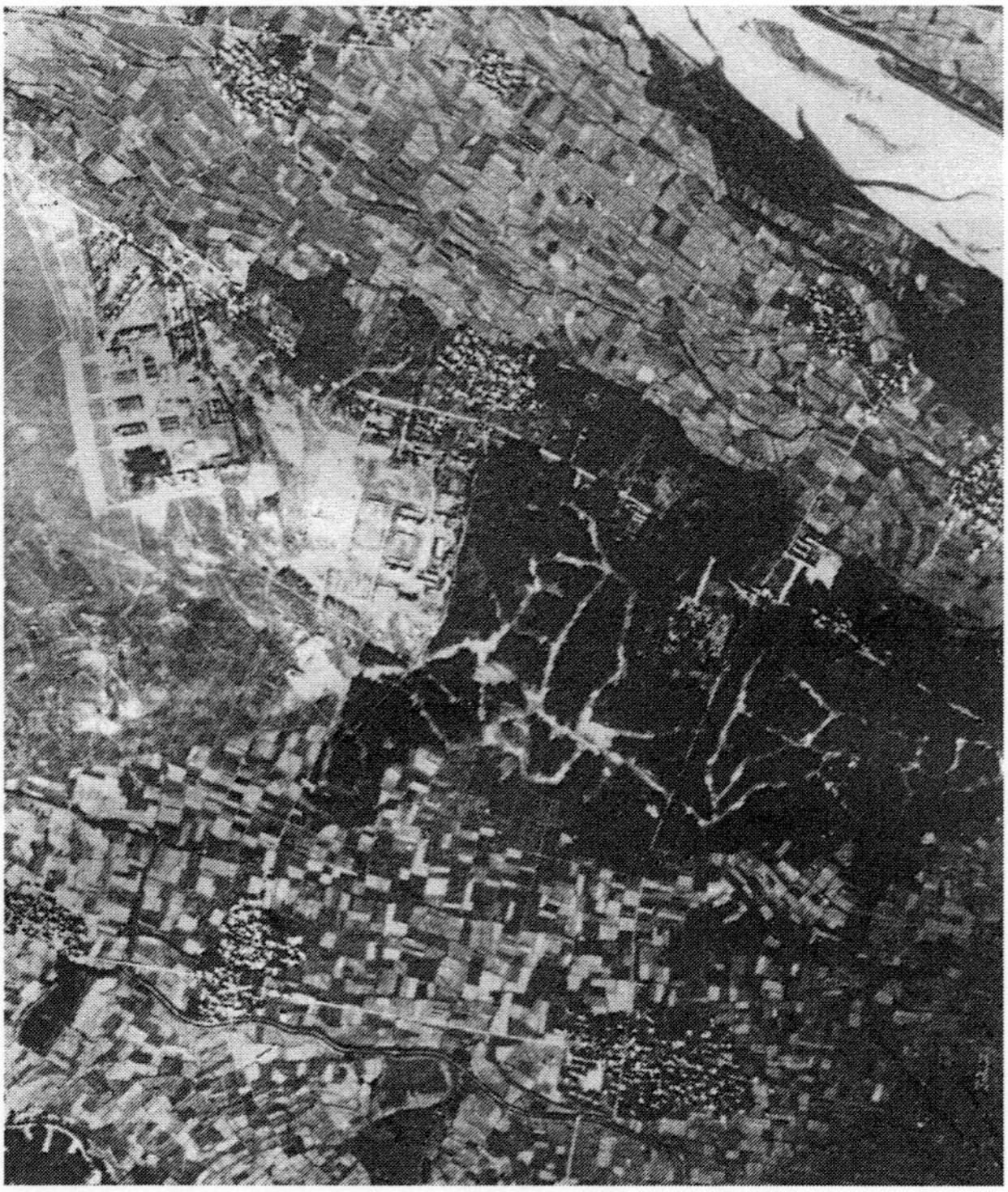

米軍撮影による旧陸軍八日市飛行場上空写真　中央の黒い部分は山林につくられた誘導路と掩体壕

にしか伸びていなかったころというから、二月か三月のことであろう。

　飛行場と布引掩体壕群を結ぶ二本の誘導路のうち、終戦までに完成し使用されたのは、下二俣ルートであった。柴原南ルートは、宮溜の堤に到達したところで終戦になった。

　米軍空中写真の布引丘陵部分のみをカットして掲載した。これを見ると、丘陵部に造成された掩体壕が明瞭に識別できる（下の写真）。

　武村勘一さんの話のよう

米軍撮影による旧陸軍八日市飛行場ならびに布引丘陵上空写真　写真下部が布引丘陵。下二俣、尻無地先（右下）の誘導路と掩体壕が明瞭である。

に、山裾を巡る誘導路が長谷野方面まで延びていたことも、航空写真から読み取れる。下二俣から布引丘陵までの誘導路は明瞭であるが、集落から飛行場までのルートがわかりにくい。

掩体壕に飛行機を搬入した人の話

下二俣ルートの誘導路を使用し、実際に飛行機を布引丘陵に運んだ人の証言もある。八日市航空分廠で働いていた北村正太郎さん（愛荘町蚊野、大正一五年生まれ）は、昭和二〇年七月二四日夜八時ころから、屠龍（キ四五）を五、六回、誘導路をとおり布引掩体壕付近まで運搬している。ガソリンを抜き、機首部分にロープを掛け、自動車で引っ張った。両翼の先端部や尾翼部分にも警備員がつくので、一機を運搬するのに七、八名が必要であった。丘陵部に到着すると、別の班に飛行機を引き渡したという（別項「米軍機は屠龍を狙った」参照）。

戦時中、やはり航空分廠で勤務した経験をもつ中村秋夫さんからも、飛行機誘導のお話を聞いた。昭和二〇年七月二三日、明野飛行場（鈴鹿市）から避難してきた「隼」を飛行場からトラックで牽引、六名で布引丘陵の掩体壕に運び入れたという。

中村さんの場合は、さらに掩体壕のなかまで隼を入れ、上から偽装網をかぶせる作業までをすべて行っている。三機目を運ぶところで朝になり、米艦載機グラマンの襲撃にあったとのことである。谷宇一郎さん（下二俣町、昭和八年生まれ）の話では、大池溜西南部の広場（現在、高圧鉄塔が建っ）

が、飛行場から運搬されて来た飛行機の回転場所になっていたという。この地点より西の掩体壕には、飛行機は運ばれていなかったとのことである。

前記、北村さん、中村さんの証言にあったとおり、運搬された航空機が三機から五、六機であったということは、高圧鉄塔以東に現存する土製掩体壕の数と符合する。

土製掩体壕について考える

東近江市教育委員会測量調査による16号掩体（土製）付近の地権者は、武久国松さん（尻無町）である。16号掩体を実測すると、間口十二・八メートル、奥行き十八・二メートルである。三式戦闘機「飛燕」は全幅（両翼の幅）十二メートル、全長八・九四メートルであることから、戦闘機の収容は可能である。網などをかぶせてカムフラージュする。近くに着弾した場合は土塁で爆風を遮ることが出来るが、無蓋であるから直撃にはどうしようもない。

掩体壕のすぐ西側にひとつ、東側に三か所の壕跡がある。武久さんが義父・梅吉さんから聞いていた話では、高射砲が据えられていたという。西側のくぼみがその跡なのか。

16号掩体壕の東に17号掩体がある。市教委調査報告書で「当掩体群で唯一馬蹄形を呈する掩体で、間口内側を張り出し狭める」と説明している。間口は十三・四メートルあるが、張り出し部の巾は九メートルである。これでは戦闘機も入らない。張り出し部はやや低いので、翼の邪魔にはならなかったかも知れないが、なぜ馬蹄形につくられたのか理由がわからない。

15号掩体壕は誘導路からかなり離れた場所につくられ、五十三メートルの引き込み線がついている。そのため、飛行機ではなく牽引用の自動車を収容したのではないか、との見方もある。

しかし、御園地区の赤松林には約二百メートルの引き込みをもった掩体壕もあったので、やはり飛行機を収容するものと考えたい。

機関砲台跡と管制塔

かねて谷宇一郎さんから、丘陵の頂上台地に管制塔と機関砲台跡があったことを聞いていた。平成二六年一月、谷さんに現地を案内してもらった。教育委員会・嶋田直人さん、東近江戦争遺跡の会岸原正恭さん、

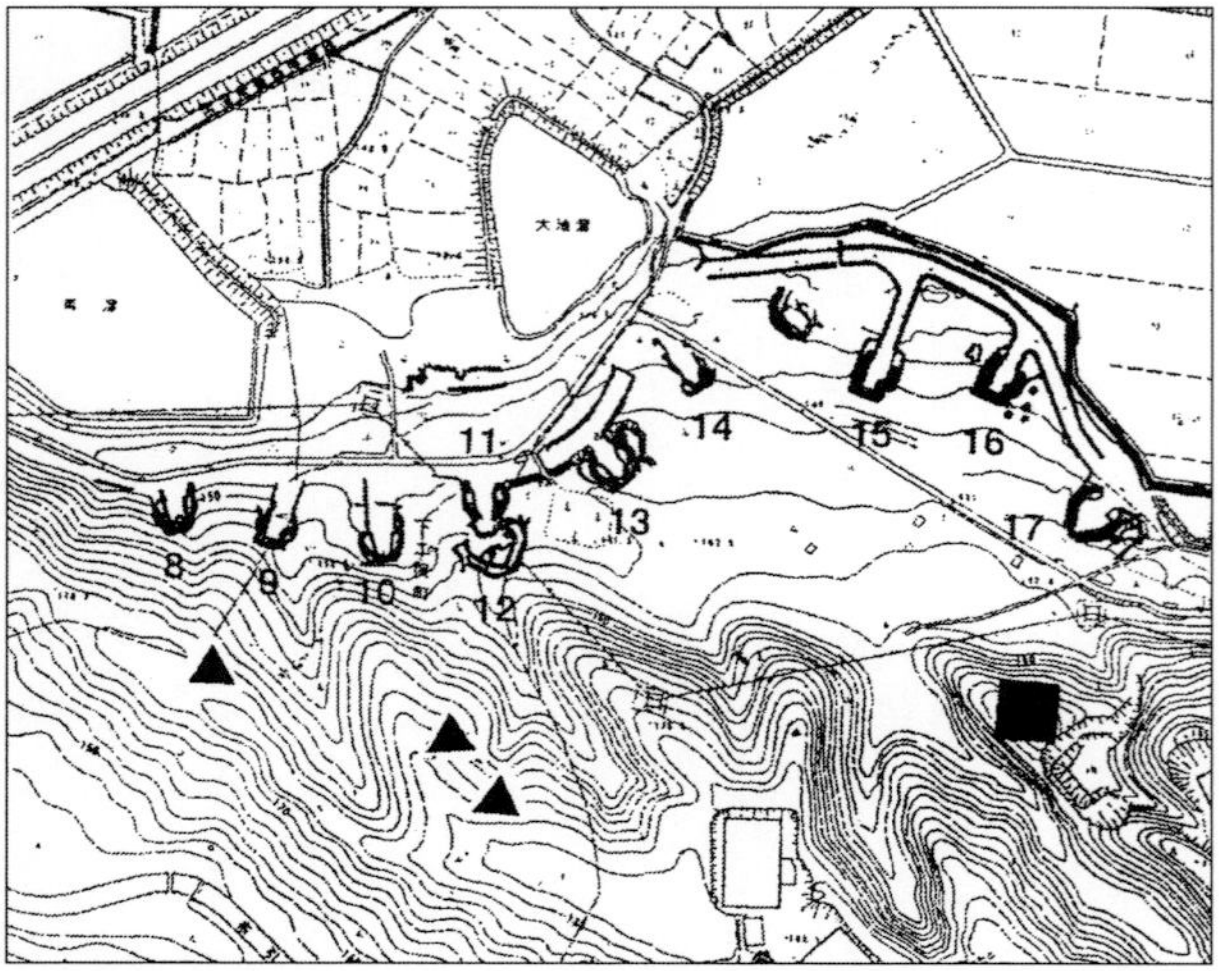

布引丘陵の掩体壕群（一部）（東近江市教育委員会調査報告書第21集より転載。▲■印は著者が追加）　▲は機関砲台跡の所在地を示す（教委嶋田直人さんの測定による）。　■は皇子山を守る会作成の地図に「砲台跡（推定）」とされている地点。

そして私の三人が同行した。

丘陵頂上部の台地、下二俣・尻無町の境界付近と、下二俣・柴原南両町の境界付近に、それぞれ楕円形をした窪み（長径約三・九メートル、短径約三メートル）があった。枯れ枝などで埋まった状態になっているが、かつては壕の回りに土嚢《どのう》を囲み機関砲がすえられていたという。

谷さんは、小学六年生のとき、友だちの家に止宿していた将校に連れていってもらい、頂上台地に建てられた木造三階の管制塔を実際に見ている。二つの機関砲台陣地の真ん中くらいに建ってい たという。

稲葉稔さんが滋賀県知事のとき、谷さんとの間で平和祈念館の話になった。そのとき、稲葉さんが「この写真の建物はどこにあったか知っているか」と写真を見せた。それはまさに、戦時中、布引丘陵に建てられていた管制塔であった。稲葉さんの父親は大阪航空廠八日市分廠長の職にあったので、そのような写真が手元に残っていたらしい。「惜しいことをした。あの時、写真をもらっておけばよかった」と谷さんは悔やんだ。

藤澤伸夫さん（尻無町出身、昭和八年生まれ）の話では、機関砲台は三箇所にあったとのことである。谷さんに案内してもらった頂上台地では、よく似た窪みが三か所見つかっている。藤澤さんの記憶のように三箇所にあったのかも知れない。

大津市の「皇子山を守る会」が測量調査を行い作成した地図に、「砲台跡（推定）」と記された箇

陸軍八日市飛行場に配備されていた軍用機一覧

機種	全幅	全長	備考
三式戦闘機「飛燕」	12m	8.74m	生産数 2,739 機
五式戦闘機	12m	8.82m	生産概数 400 機
二式複座戦闘機「屠龍」	15.02m	11m	乗員 2 名／生産数 1,690 機
一〇〇式重爆撃機「呑龍」	20.42m	16.81m	乗員 8 名／生産数 786 機
四式重爆撃機「飛龍」	22.5m	18.7m	乗員 6 ～ 8 名／生産数 707 機

所がある。サントリー・エージングセラーの敷地内で、一帯はフェンスで囲まれている。確かめる方法がなくて諦めていた。

平成二六年三月二七日、武久国松さんに案内してもらい、狐谷の「下の山の神」付近から入って、地図上に「砲台跡」と記された小さなピークに登った。しかし、窪みなどの痕跡を見つけることは出来なかった。おそらく、皇子山を守る会のヒアリングの間違い（あるいは話し手の記憶の間違い）ではないかと思う。

布引丘陵台地には多数の三角兵舎がつくられ、麓に炊事のための壕もあった（11号、12号掩体壕＝谷宇一郎さんの話）。飛行場に隣接した兵舎を間引き、山麓の「八幡神社付近に兵舎がつくられていた。

結局、コンクリート製ドーム型掩体壕二基は未完成に終わったが、飛行場にあった二百機余のなかの、特に重要な軍用機二機を収容する計画であった。その「重要な軍用機」は、掩体壕の間口の寸法から、四式重爆撃機「飛龍」ではなかったかと私は考えている。当時のおもな軍用機一覧を別表に掲げておく。

分廠を震え上がらせた落書き事件

材料廠としてスタート

八日市・沖野ヶ原に陸軍航空第三大隊が置かれ、大正一四年、航空第三大隊は飛行第三連隊となった。連隊に付随し「飛行第三連隊材料廠」が設けられた。同材料廠は昭和一三年まで陸軍第十六師団の管轄下にあった。

航空関係の重要性は、年を追い強く認識されるようになった。昭和一三年七月より、飛行第三連隊材料廠は「各務原陸軍航空支廠八日市分廠」と改称し、陸軍航空本部が管轄するようになった。

航空機の修理や点検について、応急的なものは各航空部隊所属の整備兵が行う。しかし、配備されてきた航空機の調整や、一定時間飛行した航空機の本格的な点検・修理作業などは、専門技術者・工員をもつ分廠が行うという体制である。

八日市航空分廠は、昭和一五年四月、大阪陸軍航空支廠の管下に編入され、さらに昭和一七年八月より、大阪陸軍航空廠八日市分廠となった。

憲兵が素行調査に

小森章次さん（妙法寺町）は、御園尋常高等小学校高等科を卒業し、昭和一三年四月に八日市分廠に入廠した。企業や工場の少ない八日市近辺にあって、分廠は、最高の職場であった。大勢の志願者があったが、採用されたのは十名あまりであった。

翌年に入廠された宮本喜造さん（下羽田町、当時は蒲生町川合に居住）の場合、五十名余が受験して三十名余が合格した。一年で、採用人員が三倍に増加したのは、飛行隊の活動が急激に活発化したためであろう。

宮本さんが入廠された年の一一月二日に、太郎坊宮で、分廠の秋季慰安会が催された。終了後記念撮影が行われた。その写真に写った人数を数えると百八名である。昭和一四年の新規採用者三十名を加え、分廠は百名を越える規模になったことがわかる。女性も十名が写っている。庶務・経理係、医務室看護婦、雑役婦などであった。

分廠長は菅野という予備役の中佐で、現市立八日市図書館南側の家に住んでいた。

翌一五年に、黒川豊さん（上之町、当時西押立村）や諏訪助蔵さん（蛇溝、当時豊国村）たちが入廠した。七、八十人の中から三十名が合格した。黒川さんは、サイドカーに乗った憲兵が、学校まで合格予定者の素行調査に来たことを記憶している。合格通知とともに飛行機の絵葉書が一緒に届いたという。

この年の新規採用者の日当は八十銭であった。前年採用の宮本さんの記憶では、一年目の日当は五十銭だったという。当時、清酒は一升九十銭だった。

作業帽の白線

一人前の工員になるには、三年かかった。作業帽に白線が入る。

経験年数により、白線一本は一年目の工員、二本は二年目、三本は三年目である。三年が経過すると普通工員となり、その上が班長、さらに職長、雇員《こいん》、そして技手《ぎて》となった。雇員以上が判任官待遇であった。

分廠職員であることを示すワッペンがあった。制服の腕につけるもので、円形の布地に星型の刺《し》繍《しゅう》がしてあった。工員は赤色の星で、雇員になると星が白になった。また、雇員は制服の胸に白い星の連なった胸章（「流れ星」とよぶ）をつけることになっていた。

谷はつ子さん（今堀町）は、昭和一六年四月に入廠した。採用前、やはり憲兵が近所まで素行調査に来た。一六年には、職員は二百名近くに増加していた。恒例の慰安会も行われた。係ごとに素人芝居の出し物があり、工員たちには楽しい一日であった。

分廠の施設

連隊と分廠は同一の敷地にあり、その境界には、松が少し植えられている程度であった。太郎坊山の方向に広がった広大な飛行場に向けて、飛行連隊の格納庫が四棟、分廠の整備工場一棟があった。分廠の正門は、八風街道から南に入った道路沿いにあり、二本の石柱が立っていた。入るとすぐ右手に守衛所があった。そこには、詰め襟の制服を着た守衛数名がいて、時おり鍵がついた時計を携帯して構内を巡回していた。

正面に本部（庶務・経理）の建物があり、その背後に、機体（飛行機）、発動機、機械、整備、電精などの工場があった。各工場は次のような作業をしていた。

機体工場（飛行機工場）＝機体の全般的な整備。
発動機工場＝エンジンの分解・組立・試運転。
機械工場＝旋盤などで部品をつくる。
電精工場＝飛行機計器類の点検・取りつけ。
整備工場＝各工場で点検・修理済のものを組み立て連隊に引きわたす。
自動車工場＝乗用車・トラック・燃料車・始動車など軍用車の整備。
器材庫（戦用倉庫）＝飛行機部品類を保管。

分廠の南側には、土手で囲まれた戦隊の弾薬庫があり、銃をもった歩哨が二十四時間体制で監視にあたっていた。

新米は「弁すり」から

分廠は、午前七時の始業であった。黒川さん、諏訪さんたちは、午前五時に起きて、ガタガタ道を自転車で出勤して来なければならなかった。発動機工場に配属された二人の最初の作業は「弁すり」で、シリンダーの圧縮漏れを防ぐため、弁をぬき弁座にカーボンをかける仕事であった。

昭和一三年入廠の小森さんは、飛行機工場（のち機体工場に名称変更）に配属になった。当時の飛行機（八八式偵察機や赤トンボ）の翼は木枠に布を張ったものであった。作業内容は、翼の破れた部分に布を継ぎ塗料を塗ったり、二枚羽根の支柱を修理することなどであった。

昭和一七年一〇月まで、八日市飛行場には飛行第三戦隊がおかれ、九八式軽爆撃機が主たる使用機となっていた。九八軽爆のプロペラは固定式で消耗が激しかった。そのため飛行時間が百五十〜二百時間に達したら、定期点検が行われた。発動機、機体、電気系統など、各工場で分解・修理が終わると、整備工場でふたたび組み立てられる。一通りの整備完了までには約二十日を必要とした。

時計の紛失

昭和一六年一二月八日、分廠本部のラジオから、軍艦マーチの曲が流れ、真珠湾攻撃の戦果と開戦のニュースが発表された。当時、谷はつ子さんは半年の試用期間を終え、本部で電話交換事務に従事していた。分廠の軍曹・曹長たちが、日の丸の鉢巻きを締め、「やりよったあ！」と踊るようにして気勢をあげていたという。

昭和一七年、岐阜県各務原から多数の工員が異動して来た。工員たちは、近くに下宿して分廠に通っていた。発動機工場だけで、十班、七十〜百名が働くようになった。飛行機のプロペラが固定式から可動式にかわり、いきおい、工員たちの作業時間が短縮されゆとりが出てきた。諏訪さんの記憶では、工員たちの間で、アルミニウムを材料に小さな模型飛行機をつくり懐中時計のアクセサリーに使ったり、シリンダー内の合金で指輪をつくったり、また九八軽爆の風防ガラスで将棋の駒をつくることが流行したそうである。

昭和一七年はじめ、飛行機の夜行時計二個が、失われた。分廠内はやっさもっさの騒ぎとなった。工員全員に、「朝、出勤するとき、時計大の石ころを紙に包み、守衛所前の箱のなかに入れておくこと」との命令が出た。次の日の朝、全員が石ころ二個を紙に包み、守衛所前の箱に入れた。そのなかに夜行時計二個の入った紙包みがあった。犯人はわからなかったが、問題は解決した。

便所の落書きが大事件に

昭和一八年、分廠を揺るがす大事件がおこった。分廠内の便所に、「天皇、皇后を亡くせよ。わが愛するソヴィエト」という落書きが見つかったのである。分廠長小川少佐はおおやけになるのを恐れ、事件の口外を禁じた。しかしそれは、すぐに八日市憲兵分遣隊の知るところとなり、全工員の筆跡調査が行われた。しかし、すぐには「犯人」が見つからない。ついに工員全員を並ばせ、憲兵隊長が一人ひとりの目を、にらむように見据えて回った。思わず怯《ひる》んで眼をそらした工員がいて、その夜、憲兵隊員に自宅へ踏み込まれた。落書きのあった翌日と翌々日、仕事を休んだことも嫌疑を掛けられる理由になった。彼は八日市中学校の卒業生で、電精工場で働いていた。最後、軍法会議に回わされたとのことであるが、その後の消息を知っているものはいない。

小森章次さんも取り調べを受けた一人で、自宅の調査まで行われた。それは、小森さんが自分の住所として書いた「御園村」の「御」の字体が、落書きの「御」の字体と似ていたためという。仕事を終えて帰ろうとしたとき、憲兵が、「ちょっと隊へ来い」と命じた。不思議に思いながら憲兵隊へいくと、早速、拷問まがいの尋問が行われた。指の間に鉛筆を挟んでぐるぐる回す。算盤の上に座らせる。目の前で日本刀を抜く。何を疑われているのかさえわからない小森さんに「お前がやったのだろう」とすごむ。自宅の部屋の調査まで行われたが、その後、音沙汰はなかった。「犯人」が捕まったからである。もちろん、謝罪じみた言葉ひとつもなかったという。

試験飛行中の墜落

整備工場で機体の最終的な組み立てが終わると、試験飛行が行われる。その試験飛行で、戦隊の操縦士と分廠のF中尉が墜落死する事件がおきた。

九八式軽爆撃機のエンジンは本来水冷式八百馬力であるが、「ハ－一〇二」という空冷式エンジンに積み換えての試験飛行が行われたのである。この空冷エンジンは「息をつく」、つまり人間が息を吐くような現象を生じる一種の欠陥品であった。F中尉は「試験飛行」を名目にこの飛行機で郷里の奈良県まで飛んだのである。試験飛行は、飛行場から視界のきく範囲内で行うことになっていたが、F中尉は職権をかさに操縦士に遠距離飛行を命じ、墜落事故を起こしたのである。結果、二名のいのちが失われたのである。格納庫内で行われた葬儀で、部隊長は、「大切な戦隊の操縦士を死なせた」と声を震わせ、「国賊」という言葉を交えて弔辞を読んだのである。

分廠の工員のなかからも出征する人がふえ、人手が不足するようになってきた。人事係の責任者が湖西地方まで工員募集に出掛けるようになった。高島市朽木市場の区有文書のなかにも、大阪陸軍航空廠八日市分廠が出した「技術員大募集」のチラシが残されている。

施設の分散疎開

昭和一九年になると、分廠の工場や施設があちこちに分散するようになった。分廠本部は、市辺の隔離病院に移転した。船岡山の麓にある阿賀神社も本部施設に使用され、軍需物資の保管場所にもなった。谷はつ子さん、村田和子（旧姓・中井）さんたちは、移転した本部で仕事をしていた。

分廠の庶務課は、西老蘇《にしおいそ》（現近江八幡市安土町老蘇）の井上蚕種工場の建物を使用した。蚕種工場は地下一階、地上二階建てで、かつて最盛期には六十人ほどの職人が働いていた。しかし、昭和一八年、企業合同で施設は県内四か所にまとめられ、井上工場は休止中であった。最初、集団疎開の大阪市中大江東国民学校三、四年生七十名の宿舎になったが、すぐに児童たちは老蘇国民学校に移り、そのあとに分廠庶務課の三十人くらいが入った。谷さんや村田さんは、市辺の本部と老蘇の庶務課の間を連絡のため行き来する機会が多かった。

発動機工場は、最初、玉緒の尻無（現東近江市）へ移転したが、間もなく旧能登川町須田（東近江市須田町）の古川化学絲工場に再移転した。発動機を分解した後、部品の油分を取るために、ボイラーで沸かした石鹸水に部品を浸すという工程がある。尻無には、そのボイラーがないため、再移転することになったのである。

古川化学絲工場は、明治末期から原糸の染色・糊り付け加工や麻フトン生地の製織をしていたが、当時は企業整備で休業していた。その施設を分廠が接収したのである。中野中尉が責任者であった。敗戦時には、残っていたドラム缶入り航空燃料を、酒の代わりに飲んでいた人もいたという。

電精工場は、金堂（東近江市五個荘金堂町）の青年道場に移転した。中村平弼さん（瓜生津町）や林豊一さん（東近江市池尻町）もそこで働いていた。電気部門と無線部門があり、百名近くの工員がいた。三十名くらいは繖山《きぬがさやま》観音正寺の本堂で寝泊まりし、毎朝山から下りてきて作業をしていた。やがて青年道場だけでは手狭となり、無線部門が弘誓寺《ぐぜいじ》近くの外与《とのよ》本宅に移った。敗戦と同時に、多くの無線機が近くの池に投げ捨てられた。

資材庫は、西押立の押立神社に移り、ガソリン、落下傘などが集積された。

布引山麓に、コの字型に土を盛り上げた掩体壕がいくつかつくられた。飛行機の解体や組み立てをするためであった。

卒業式も分廠で

昭和一九年夏、八日市中学校五年生六十八名が、学徒動員として、分廠での作業に従事することになった。一組は機体工場へ、二組は発動機工場に配属された。

西村晃さん（八日市東本町）は一組で、毎日弁当をもって直接分廠の機体工場に通った。はじめはヤスリがけや鋲《びょう》の打ち方から教わり、やがてドリルで穴をあけ鋲も打って突起を平らにする「皿もみ」という専門的な作業まで行うようになった。飛行機部品を安土の工場まで運んだりもした。西村さんたち五年生の卒業式は、分廠で行われた。分廠には、女子挺身隊《ていしんたい》の人たちも働きに来ていた。

昭和二〇年はじめ、分廠の工員たち十名余が、南方の野戦航空廠に派遣されることになった。分廠職員が、湖南鉄道中野駅まで彼らを見送りに行った。工員たちが乗船した船は、イロイロ（フィリピン・パナイ島）付近で米軍の攻撃を受け、沈没したと伝えられている。

山中に掘られたトンネル工場

ブルドーザーが落ち込む

近江八幡市安土町総合支所の背後に、三角のおむすびのような形をした山がある。大字小中《こなか》の区域なので一般的に「小中山」とよばれている。国土地理院二万五千分の一地図（昭和五七年発行）には「竜石山《りゅうせきざん》」とされているが、これは一般的な名称ではない。

小中山は、以前から現在のような三角の山容をしていたわけではない。陸地測量部の古い地図（昭和八年発行、地図参照）を見るとわかるように、もとは長楕円形をしていた。昭和五三年から五四年にかけて、当時の安土町役場建設用地として山が半分削り取られたのである。

かつて、小中山と観音寺山との山峡部は「南腰越」とよばれ、八日市と安土の常楽寺を結ぶ街道の峠になっていた。ちなみに「北腰越」は安土山と観音寺山の山峡部の名称で、朝鮮人街道が能登川方面に走っている。

昭和五三年、安土町役場の敷地造成工事が進められていたときに、工事用ブルドーザー一台が落ち込むという事故があった。終戦前に、陸軍が十本ほどトンネルを掘っていて、ブルドーザーはその空洞に落ちたのであった。

陸軍は、小中山になぜ、そしてどんなトンネルを掘ったのだろうか。

昭和一九年当時、軍は八日市飛行場にあった航空分廠の機能を、あちこちに分散疎開させていた。小中山に掘ったトンネル内へは、分廠の中核部を移動させて、きたるべき「本土決戦」に備えようとしていたらしいのである。これらのトンネルは戦後に埋められ、また前述の役場敷地が造成されたとき破壊されたが、現在でも役場西側の山麓に一穴だけ小さな口をあけている（中は埋まった状態）。

どのような工事が行われ、トンネル内部がどのような状態だったかについての、資料は一切残っていないのでくわしいことはわからない。

このトンネル工事に従事していた人や、そのなかで働いていた人から当時の話を聞くことが出来た。

西山幸三さんの体験

西山幸三さん（東近江市上平木《かみひらぎ》町、昭和三年生まれ）は、昭和二〇年四月ごろ、平田村役場からよび出された。役場にいくと、「挺身隊員として安土での作業に従事するように」との口頭連絡があった。作業内容は「陸軍の防空壕掘り」ということであった。当時は、軍上部機関から役場に対し、「海軍志願兵を何人出せ」とか「挺身隊に何人出せ」とか、いろいろと動員の割り当てが下りていたのである。西山さんは農家の長男で、下には妹が一人いただけであった。農家の後継ぎということで、「志願兵」への強制勧奨の代わりに、挺身隊への命令が下りたのらしい。

このとき上平木からは、西山さんのほかに七、八歳年上の二人と、一つ年下の一人、合わせて四名がよび出された。

四人は、毎朝、弁当をもち、安土の南腰越まで自転車で通った。

腰越にいってみると、すでに小中山には一定の間隔をおき、六、七か所のトンネルが口をあけていた。

本格的な掘削作業は、専属の作業員が行っていた。トンネルのなかで専門の作業員がダイナマイトを爆発させると、火薬の匂いが周囲一帯に漂った。砕石がトロッコで外へ運び出されてくる。西山さんたちの仕事は、その砕石を山の近くに捨てにいくことや、トンネル内に支柱を組み立てるための、材木を運搬することであった。いわば、雑役である。

兵隊の姿は少し見かける程度で、作業するのはほとんどが軍属系の人であった。雨の日は作業が中止になった。仕事はそれほどきつくなかった。

六、七月ころになると、トンネル作業現場へのアメリカ艦載機の空襲が激しくなってきた。掘り出した砕石はすべて山裾に捨てているから、上空から「何かをつくっている」ことがすぐにわかったのだろう。

空襲は、たいてい午前中にあった。飛行場から電話連絡が入ると、兵隊がメガホンで「空襲、空襲。避難せよ」と叫んで回る。あっという間に、グラマンの爆音が響く。作業員たちは、われ先に逃げる。砕石捨て場の方に逃げると危険だから、西の方角の中屋集落に向かって走っていった。幾度も空襲があったが、犠牲者が出たということはなかった。

掘削中のトンネルは、「飛行場の重要物資を入れる」と聞かされていたが、それ以上のことは知らされなかった。終戦になってから、役場から一日につき一円二十銭の賃金が支給されたという。

三浦昭三さんの話

三浦昭三さん（近江八幡市船木町、昭和三年生まれ）は、旧金田村の生まれで、昭和一七年から鶴翼《かくよく》青年学校に通っていた。昭和一八年の途中から、陸軍八日市飛行場の航空分廠に、正規の工員として入所した。航空分廠では、飛行機エンジンの整備や組み立ての部門に配属された。近江八幡から湖南鉄道に乗り、御園駅で下車して通勤した。一年間、八日市分廠で勤務したのち、大阪・八尾の大阪航空廠に転勤になった。八尾での食事は、イモ飯とか大豆カス飯であった。同じ食堂で食事していても、航空兵の食べ物とは格段の差があった。三浦さんたちは、仲間とそれを横に見ながら、「うらやましいなぁ」と言い合っていた。

十か月後に、三浦さんはふたたび八日市分廠に戻って来た。昭和二〇年正月のことである。八日市に戻る前に八尾で「お別れ会」があり、バラ寿司が振る舞われたが、そのときの寿司のおいしさは、今でも忘れられないと三浦さんはいう。

八日市分廠に戻りはしたが、発動機工場は能登川・須田（東近江市須田町）の須田綿糸工場に分散疎開していた。そのため、三浦さんは国鉄近江八幡駅から安土駅まで汽車で通い、そのあとを徒歩で工場に通った。作業場は、長屋のような建物であった。綿糸工場に働く人は誰もいなかったが、女性従業員が少し残っていた。分廠から来た職員は、十二、三名であった。

須田工場での作業は、九十八部隊の練習機のエンジンを調整することであった。しかし運び込まれるエンジンは、分廠にいたころの半分以下に減っていた。

八日市飛行場からエンジンが運搬されて来ると、そのエンジンを分解し、カーボンなどの汚れを落とすため一晩油に浸ける。そして翌日、石鹸水で洗浄する。摩耗の具合によりリングを取り替えることもあった。

以前は、新しいエンジンを扱う機会もあったが、須田工場ではそういうことがなかった。古いエンジン二台を一台にしたり、三台を一台にするなど、いわば「よいとこ取り」して、エンジンを再生する作業が主体だった。

須田工場にいたのはそれほど長くはなかった。昭和二〇年初夏ごろから、安土・南腰越の小中山トンネル内工場に移ることになったからである。

やはり安土駅で下車して、そこから徒歩で通った。スパナ、ドライバーなどが入った工具箱が、三浦さんたち一人に一個ずつ支給された。

三浦さんが小中山にいったころ、すでに四本ぐらいトンネルが掘られていた。三浦さんたちの作業場は、三つ目のトンネル内にある組立工場であった。

トンネル掘削工事はまだまだつづいていた。小中山の西側には、朝鮮半島から来た人たちの飯場があり、この人たちもトンネル掘りをしていた。

トンネル内の通路の天井や壁面は松丸太の枠で支えられ、カスガイで留められていた。トンネルの入り口が狭くて、少しかがまなければならなかった。しかし、そのあとはちゃんと立って歩くことが出来た。周囲は岩盤で、奥にいくといくつかの通路で結ばれていた。要所要所に裸電球が吊り下げられ、途中に広場もつくられていた。ところどころで、岩盤を伝った水が天井から滴り落ちていた。暑い時期でも、トンネルのなかは大変涼しかった。

トンネル内の工場で三浦さんが従事した作業は、エンジンの整備であった。しかし、トンネルのなかでは油や石鹸水が使えないので洗浄作業が出来ない。そのため、あらかじめ洗浄を済ませてあった部品の組み立て作業を行った。組み立てたエンジンをそのまま一晩、トンネルのなかに置いておくと、翌朝には露が乗っていた。そのまま飛行場へ運び出したが、「こんなことで、飛行機が飛べるのかなあ」と心配になったという。

三浦さんたちが整備をして、まともに動いたエンジンは、トンネル工場にいた間にせいぜい二台か三台ぐらいだったという。入ってくる仕事も少なかった。

捕まったら殺される

昭和二〇年八月一五日正午、三浦さんたちは、近くの養鶏場経営の民家に集合するよう命ぜられた。ラジオがあるのは、その家だけだったからである。二十人ほどが集まった。

天皇の玉音放送があったが、ほとんど聞き取れなかった。しかし、「負けた」ということはわかった。さまざまな噂が飛び交った。「捕まえられたら殺される」「女はなぶり殺しにされる」「刀や鉄砲は、今のうちに処分せんとあかん」などなど。

そんななかでみんなは、思い思いに工場から自分の家に帰っていった。支給された工具箱も、そのままであった。その後、三浦さんたちには何も連絡が入らなかった。トンネル工場にも戻らず、かといって飛行場に集合することもなかった。「工具は、まだ使えるのに惜しいな」との思いだけが残った。後日、トンネル付近を見にいったら、入り口はすでにふさがれていたという。

終戦の日に、みんなが自分勝手に家へ帰ったままであった。しかし一、二年経ってから、誰からともなく、「一度、集まろう」という話が出た。そして、野々宮神社に何人かが集まった。だが、それが最初で最後となり、何かが決まったわけでもなかった。

三浦さんが航空分廠で働いたという記録は、軍部が解散するときに焼却されてしまっている。結局、退職金も何もなし、年金期間の対象にもなっていないのだという。

田坪総一郎さんの話

田坪総一郎さん（近江八幡市安土町上出《かみで》、昭和十年生まれ）は、終戦のとき国民学校の四年生だった。小中山のすぐ近くに家があったから、当時のことをいくつか覚えていた。

小中山には、全部で八本のトンネルが掘られていたという。田坪さんの記憶では、トンネルの掘削工事は昭和一八年ころからはじめられた。終戦時、北側の三本はまだ完成しておらず、真ん中の三本は山の向こうまで通り抜けが出来るようになっていた。トンネルの入り口は一メートルくらいの幅であった。

トンネル掘りの作業は、ほとんど朝鮮半島から来た人たちがやっていたという。小中山の西側に飯場が二棟あり、三百人くらいが暮らしていた。みんな痩せこけ、ボロボロの地下足袋を履いて作業をしていた。トンネル内で発破《はっぱ》（ダイナマイト）をかけ、坑内の「ガラ」をトロッコで運び出すのが、彼らの仕事であった。何人かが事故で亡くなったことを聞いたという。

工事現場には、よく陸軍の「えらいさん」が来ていたと田坪さんはいう。

近くの養鶏場の軒先が、航空分廠の事務所になっていた。そこで三、四人が事務をとっていた。戦後、近辺の子どもたちが、トンネルの中に残されていた発動機の部品などを持ち帰り、それを玩具にして遊んでいたという。トンネルの支柱になっていた松丸太は、焚《た》き物にするために大人たちが運び出していったという。

米軍機は屠龍（キ四五）を狙った

「野戦に送る」

北村正太郎さん（愛荘町蚊野、大正一五年八月生まれ）は、昭和一六年三月、高等小学校高等科二年生を卒業し、陸軍各務原航空廠八日市分廠に軍属として入廠した。十六歳であった。

北村さんは、最初の三か月、同期生三十名と一般的な教育を受け、その後、分廠の整備工場に配属された。九七式軽爆撃機の整備やエンジン交換などの作業に従事していた。家から約八キロメートルの道を自転車で通った。角楯中尉が分廠長で、百名程度が働いていた。

入廠後一年目の昭和一七年四月、学科試験に合格し、各務原航空廠の技能者養成所に進んだ。各務原では、一般教養科目とともに航空力学なども学んだ。軍事訓練があり、軍隊ながらの「しごき」を受けた。

昭和一八年一二月、陸軍大正飛行場に近い大阪航空廠（現八尾市）に転属になり、ここでさらに専門的な整備技術を身につけた。

昭和一九年三月一日付で北村さんは整備班長として、また後輩の指導責任をもつ幹部要員として、八日市航空分廠に戻って来た。十九歳だった。

昭和一九年八月、八日市分廠では整備班が改編され空輸班が創設された。北村さんは、空輸班三班のうちの第二班長を命ぜられた。一つの班が二十人編成になっていた。そのころになると、徴用工を含め、分廠では四百人くらいが働いていた。しかし、商店員や会社員あがりの徴用工は技術的に劣り、仕事ぶりも不真面目でほとんど役に立たなかったという。

空輸班の任務は、双発複座戦闘機キ四五「屠龍」を川崎航空機工場（明石市）から受け入れ、整備して「野戦」に送り出すことであった。キ四五は、工場の民間人操縦士が操縦して八日市飛行場まで飛んで来た。操縦士は飛行機を引き渡すと、湖南鉄道飛行場駅から陸路で川崎に帰っていった。到着した新しい飛行機は空輸班が受け取り、責任をもって保管することになっていた。「屠龍」は、八日市飛行場に駐屯する部隊とは直接の関係がなかったのである。

九十八部隊兵舎付近（現玉園中学校、八日市自動車教習所付近）の松林がところどころ切り開かれており、その樹間に機体を運び入れ、上から偽装網をかぶせて保管していた。

「屠龍」は一機ごとに記号が付されていた。「何日何時までに、○○○○機の整備を完了せよ」との命令が下ると、指示された機体を自動車で松林から引っ張り出し、発進可能なように整備作業を行うのが空輸班の任務であった。整備が終わると、二時間のテスト飛行が行われ、軍の操縦士に引き渡される。操縦士たちは何人かが町内の旅館に泊まっており、整備の終わったキ四五に乗り、八日市飛行場を飛び立っていった。この一連の作業を空輸班では「野戦に送る」といった。

十機のうち使えるのは三機

キ四五「屠龍」は、航続距離の長い重爆撃機と同一行動がとれる、双発複座の護衛戦闘機として開発され、昭和一七年夏、陸軍に正式採用された。しかし、最高時速が五四〇キロメートルで、当時はるかに高速化していた米軍戦闘機と空中戦を戦う力はなかった。このため、南方戦線では敵陣地への襲撃機として使用された。また、重武装を生かし、戦争末期にはＢ29の邀撃戦で活躍したといわれる。

月に四、五機が明石の川崎工場から分廠に到着し、ある程度まとまると「野戦」に引き渡されていった。陸軍八日市飛行場で「野戦」に引き渡されたキ四五は、いったん台湾に立ち寄り、その後、南方前線に投入されていったという。

しかし、戦時下に量産された機体であるため、故障が多かった。とくに、エンジン部のパッキンからの油漏れ事故が多発した。機体を引き取りに来たある「野戦」の操縦士は、北村さんに、「八日市を出て無事に台湾まで飛べるのは、十機のうち三機くらいだ」と話していたという。

あまりにも機体の不具合が多いので、空輸班責任者の久保田曹長の命令で、昭和一九年九月から一〇月にかけて、北村さんは分廠の技術者二十名を連れ、明石工場へ出張し作業をしたこともあったという。

空輪班が使用するガソリンとして、約百本のドラム缶が部隊火薬庫横においてあった。そのほかにもガソリンの入ったドラム缶は、飛行場周辺の各所に分散されていた。五個荘金堂の大城神社境内にはドラム缶が五十本ほど立ててあった。八千代橋より少し南の林の中にも百本ほどのドラム缶があった。周囲に縄張りがしてある程度で、とくに歩哨などの見張りがついていたわけではなかった。

さらに、若松天神社の森にドラム缶が、また大森神社にもドラム缶や生ゴムなどが隠されていたという話もある。

徹夜で飛行機を運ぶ

昭和二〇年七月二四日早朝、米艦載機グラマンの空襲があった。このとき北村さんは八日市の知人宅に泊まっていたので、この空襲は体験していない。しかし、翌二五日も同様の空襲が予想されたので、北村さんが班長を務める空輪第二班は、二四日の午後八時ころ分廠に集合し、午後十時からキ四五を布引丘陵に避難させる作業を行うことになった。

機体のガソリンタンクからガソリンを抜き、機首部分にロープをかけて自動車で引っ張る作業であった。北村さんが飛行機の操縦席に乗り、そろそろと進む。自動車と機体がぶつかったり離れ過ぎたりしないよう、両者の間に連絡員をおいた。飛行機を傷めるといけないので、両翼の尖端や尾翼にもそれぞれ警備員が一名ずつ必要であった。一機を運ぶのに七、八名が従事した。

暗闇の中を、飛行場から布引丘陵に通じる誘導路をゆっくり進んでいく。下二俣集落のすぐ西を通った。ここでは民家の壁に翼が接触しそうになり、非常に緊張したそうである。

布引丘陵の麓には丘陵に沿って東西方向に伸びる誘導路があり、別のグループが待機していた。北村さんたちはそのグループに飛行機を引き渡すと、また新しい飛行機を運びに戻った。そのため、運んだ飛行機が最終的にどこに隠されたのか、わからなかったという。

二四日夜は、このような作業を繰り返し、五、六機を運搬した。疲労困憊《こんぱい》した北村さんたちは、その後、分廠格納庫の片隅で仮眠をとった。

ハチの巣をつついた騒ぎ

二五日早朝、猛烈な機銃音で北村さんは叩きおこされた。外に飛び出ると、グラマン数機が低空飛行で飛行場への攻撃を開始していた。操縦士がゲラゲラ笑っている様子がよく見えた。近くの松林のツツジの植え込みまで突っ走って、頭をツツジの茂みの中に突っ込んで隠れていた。遠くに逃げようにも、グラマンは太郎坊山上空で旋回すると、すぐに戻ってくるので動くわけにいかなかった。仮眠をしていた二十人余は、散り散りばらばらになった。兵隊たちも逃げ回り、飛行場はハチの巣をつついたような騒ぎになった。

グラマンは、九十八部隊近くの松林にあったキ四五「屠龍」に、小型爆弾や機銃掃射による集中的な攻撃を加えた。前夜に運び切れなかった飛行機である。二四日の空襲では飛行場への爆弾の投下がなかったが、松林に偽装網をかけて隠してあった飛行機に気づき、二五日の再来襲になったのかも知れない。

北村さんは、松林の中で少なくともキ四五「屠龍」五、六機が破壊されていたのを見ている。しかし、全体としてどれだけの飛行機が被害を受けたのかについてはわからない。ただ、前夜にすべてガソリンが抜いてあったので被害は比較的少なかったという。

空襲が済んだあとの飛行場には、深さ二メートル、広さ畳二、三十枚分くらいの穴がいくつか出来ていた。戦隊の格納庫にも大きな穴がいくつもあいていたという。

空襲が終わった段階で、「おーい、どうもなかったか」と声をあげたが、誰からも返事がなかった。空襲が終わるやいなや、みんな思い思いに飛行場から立ち去ってしまったらしい。北村さんが帰宅途中に秦川《はたかわ》村役場に立ち寄ると、役場の吏員《りいん》が、「八日市はどうなったんえ」と声をかけてきた。

この朝、八日市飛行場を飛び立ち米軍機の来襲を待ちかまえていた小林隊長率いる飛行第二四四戦隊が、グラマンとの激しい空中戦を演じているのであるが、北村さんは何も知らなかった。その日、ふたたび分廠に戻ったが、仕事が手につかなかったという。

「キン抜きして、連れていきよる」

八月一五日正午、終戦の詔勅を分廠の食堂前の広場で聞いた。当時の分廠長は鈴木大尉であった。

各務原などで軍国教育を叩き込まれ、頭から「負ける」ということを考えなかった北村さんではあったが、「ああ、これで戦争が終わったのか」という一種の安堵感を味わったという。

敗戦で分廠は閉鎖された。北村さんは退職金として三千円と国債を受け取った。当時、水田一反が千円で買えたが、貯金した退職金は銀行封鎖で使えなくなり、国債も紙屑同然になってしまった。

一方、敗戦直後、分廠の仲間うちで「役に立つやつはキン抜きして、みんなアメリカに連れていきよる」という噂が立った。北村さんのお兄さんは、昭和一八年にニ

キ45（屠龍）

ユーギニアで戦死していた。父親も早くに亡くなっていた。北村さんは母一人子一人の家庭であった。母親は、その大切な一人息子がアメリカに連れ去られでもしたら大変だと心配した。そこで、伊丹に住む叔父の家に身を隠すことになり、北村さんは家を離れ、伊丹で造園屋の手伝いをしていた。

その間、飛行場で残務整理を進めている部署から、自宅に何度も呼び出しがあった。「アメリカ軍がキ四五『屠龍』を持ち帰るといっているので、整備が必要だ。すぐに来てくれ」というものである。しかし、北村さんの母親はその依頼を拒みつづけ、北村さんも旧分廠には戻ろうとしなかった。アメリカ軍から頼まれ、キ四五の整備に当たった他の班長は、後日、北村さんに「お前、何をしてたんや。なかなか待遇がよかったでよ」と話していたそうである。

風呂屋の煙突を短くせよ

山田弘さん（東近江市建部瓦屋寺町、昭和七年一〇月生まれ）は、昭和一五年ごろ近江八幡から八日市町川合寺（現八日市東本町）に移転した。両親は「福助湯」という公衆浴場を経営していた。

山田さんから、飛行場と風呂屋にまつわる話を聞いた。

公衆浴場は当時の庶民の数少ない娯楽の場であり、社交の場でもあった。はじめは石炭を燃料にしていたが、石炭が手に入らなくなり、製材所で出る木屑で湯を沸かすようになった。戦争が激しくなると、燃料不足のため一週間のうち二日ほどは休業しなければならなかった。「お風呂だけは、何とか毎日沸かしてくれ」という声をよく聞いたが、肝心の燃料がなくては仕方がなかった。

昭和一九年ころだった。軍部から、「飛行機の離着陸の邪魔になるから、風呂の煙突を短くしてくれ」と言ってきた。軍服を着た人物であったが、「自分は軍人ではなく軍属だ」と言っていた。

山田さんの父親は病いで床に伏せっていることが多かったため、母親が応対していた。

母親は、「煙突を短くして、どうして風呂を沸かすのや。皆さんが楽しみにしてはるのに風呂屋が廃業したら、どうなるのや。だいいち、風呂屋をやめたら、うちがご飯を食べていけんようになるやないか」と突っぱねた。

しかし、軍属の男は幾度も家にやってきて、「煙突を短くしてくれ」という。「どのように邪魔なんですか。煙突を短くせんとだめやという根拠は何ですか」と母親が抗弁すると、「邪魔なもんは邪魔や」「命令やから、何とか頼む」と軍属は脅したりすかしたりした。べつに規則や基準はなかったようであった。まだ少年だった山田さんはやりとりを傍らで聞いていたが、軍属が何度やってきても、「うん」といわない母を、「強いなあ」と思ったという。

近くに八紘荘があり、そこを宿舎にしていた特攻隊の若い航空士官も、よく福助湯にやって来た。部隊にも八紘荘にも浴場はあったが、いわば庶民の「裸のつきあい」の場が気に入っていたらしい。

そのような一人に河西督郎少尉がいた。河西少尉は、福助湯の近くの三省散髪屋をひいきにしていた。三省散髪屋には山田さんと同じ年の少年がいて、彼は河西少尉にかわいがってもらっていた。

山田さんもよく散髪屋に遊びにいっていたので、いつのまにか河西少尉にかわいがってもらうようになった。河西少尉は、丸顔でいつもにこにこしていた。少年ふたりにとっては、若い航空士官は憧れの的であった。河西少尉にそのことを言うと、「戦争はしたらあかん。無駄な殺し合いはしたらあかんのや」と答えたという。

ある日、河西少尉といっしょに写真を撮った（この時の写真が山田さんのアルバムに残っていた）。写真を撮って三日ほどしたら、終戦になってしまった。河西少尉は、終戦の翌日、飛行場を飛び立ち、愛機とともに琵琶湖に突入したという話を聞いた。

兵舎で河西少尉の葬式があった。山田少年は三省くんと葬式に行ったが、参列した人数は十人にも満たないくらいの寂しいものだった。

ところで煙突の件であるが、近所の人は、「あまり断りつづけると、営倉に入れられるかも知れんで」と噂をしていたが、やがて終戦になり、煙突を短くする話は立ち消えになった。

飛行場周辺の町や村でおこったこと

藤澤伸夫さん

藤澤伸夫さんは東近江市尻無町の出身である。尻無集落は、陸軍飛行場と布引丘陵の中間にあり、藤澤さんは少年期をここで過ごしたので、戦中戦後のさまざまな出来事を記憶していた。以下はその聞き書きである。

「子どものころ、飛行場の練習機が玉緒地区によく墜落したことを覚えている。なぜか、墜落事故は金曜日に多かった。離陸とか着陸のときに事故がおこった。エンジンの音が空回りして聞こえる。あ、落ちるわと思って現場に走って見にいった。田んぼ仕事をしている人の近くに練習機が落ちたときのことを覚えている。墜落機の中から、足を引きずりながら操縦士が出て来た。飛行場から自動車がやって来る。怪我をした操縦士が真っ青な顔で敬礼し、何か報告していた。

また、爆弾の投下訓練実施中の飛行機が、何らかのトラブルで、爆弾を集落近くの水田に投下し、不時着したこともあった。幸い爆弾は不発で大事には至らなかった。

飛行場の兵舎にたくさんの兵隊がいたころ、こんなことがあった。

夜中に急に、軍隊の何人かが尻無の村にやってくる。ドンドンと家々の戸を叩き、『あんたの家に兵隊が逃げて来ていないか』と訊ねる。脱走兵の捜索だった。厳しい訓練やリンチに耐えかねた兵隊が脱走するのだった。たいていは松林で脱走兵が首吊りをしていたと、後から聞いた。こんなことが三回ほどあった。」

空襲についての見聞

「ぼくがはじめて空襲を体験したのは、五月か六月だったと思う。登校するため、一年上の日永くんの家の前に集まっていた。そんなとき、五機くらいの戦闘機が轟音とともに西に向かって飛んでいった。ぼくらはそれを、もちろん日本軍機と思っているから『がんばって』と空を見上げた。その五機編隊は急に機首を返し、ぐるっと回って布引山の上空、つまり南の方向から急降下してババババーッと銃撃してきた。ドカーンと爆発音もした。突然のことで、子供心にこの世も終わりかと思った。ぼくは近くの倉庫に隠れ、米俵の間にすくんでいた。時間にして五、六分のことだったと思う。飛行場の方で煙が上がっていた。学校へ行く前だったから、午前八時ころのことだろう。

それからは、何度も空襲があった。

毎日二回、朝と午後二、三時ころに空襲があった。空襲には慣れてしまった。蛇砂川の堤防に出て見ていると、布引山の上でグラマンが旋回し急降下しこちらに向かってくるかのように見える。しかし垂直尾翼が幅広く見えるので、自分と真正面に向き合っているのでなく、こちらが狙われているのではないことがわかる。グラマンが発射したロケット弾は煙を引き、ビュービュー唸り音を出していた。下二俣と柴原南の合間あたりから発射し、飛行場格納庫周辺を狙っていたようだった。

七月二五日の五式戦とグラマンの空中戦も、家の前で見ていた。近くにいた日本の兵隊も、家の庇の下に隠れて空を見上げていた。そんなとき、煙が二つ見えた。兵隊が『体当たりしよった』と叫んだ。川合寺駅付近に落ちたと聞き、自転車で見にいこうとしたが途中でやめた。川合寺に落ちたというのは間違いで、中里町、大沢町（旧湖東町）の方に落ちたということを後になって知った。

空襲のあと学校から、グラマンから落ちた薬莢《やっきょう》を拾い集めるようにといわれたこともある。みんなが手籠を下げ、田んぼ一帯を探し歩いた。軍需用に再加工するためと聞いていたが、なかなか見つからなかった。」

「御園小学校（当時、国民学校）にロケット弾が落ちたことを、尻無・妙応寺の三好良子さんから聞いた。良子さんはそのころ御園国民学校の代用教員をしていた。講堂には大勢の兵隊が寝泊りしており、その朝、毛布をたくさん干したのだという。これが目印になったらしく、グラマンがロケット弾を投下した。学校の便所に落ちて爆発した。生きた心地がしなかったと、良子さんは話していた。」

模造飛行機つくり

「終戦の年の春休みのころだったと思う。荷車二台を用意して学校に集まれという通知が、先生からあった。学校で木製の模造飛行機をつくれ、という命令が軍部から出されたらしい。模造機づくりのために、木材を運ぶ作業に召集されたのだった。クラスみんなで、荷車を引っ張り大森回りで飛行場の兵舎にいった。

そのころには米軍の空襲を避けるため、兵隊はあちらこちらの学校や民家などに分散し駐屯していて、飛行場の兵舎は空っぽだった。不要になった兵舎の板や柱を材料に、模造飛行機をつくることになったのだった。兵舎の番をしていた兵隊が『板を剥《は》がせ』と命令した。古釘も再使用するため、一本一本大切に袋に入れた。

模造飛行機の設計図は、軍隊から先生が受け取っていた。それ以来、運動場の片隅にテントを張り、それを工場代わりにして、半月ほどかけて模造飛行機が出来あがった。飛行場の西の端に、これらの模造の木製飛行機が並べられていたのを覚えている。八日市や中野の学校がつくった模造飛行機は立派だったが、玉緒のものは少し小さかった。ずっと後の空襲で玉緒のつくった模造機も攻撃を受け、穴が二つあいていたことを覚えている。」

神社の仮兵舎と掩体壕

「昭和二〇年の春ごろには、第九十八部隊の兵舎はほとんどが空になっていた。布引山の麓には、尻無の氏神である八坂神社と、少し離れて八幡神社があった（現在、八幡神社は八坂神社に合祀されている）。八坂神社の森には仮設兵舎三棟が建ち、兵隊が入っていた。機関銃の壕も掘っていた。ちょっとした軍事基地という感じで、氏神様である八坂神社に村人は近寄れなくなっていた。いずれ尻無の者はどこかへ移転しないといけないかもしれないなどという噂が流れていた。

八幡神社の西側三百メートルくらいの山手に、コンクリートづくりの掩体壕が出来ていた。この中に双発練習機が格納されていた。戦後、日永吉親くんと飛行機の部品をとりに入ったので、座席が五つあったことなどはっきり覚えている。ここが布引丘陵に沿ってつけられた誘導路の東端になっていた。

尻無の衆議所には、飛行場拡張工事に従事する兵隊の飯場があった。炊事場もつくってあった。妙応寺だけで二十人以上の兵隊が泊まっていた。その兵隊のところへ遊びにいくと、飛行機の風防ガラスでつくったメタルをくれた。電線でつくった鎖もつけてあった。兵隊は、『お前の家にタバコあるやろ。タバコとこのメタルの交換をしよう』と誘ってきた。それくらいタバコをほしがる兵隊が多かった。

集落の西、蛇砂川近くに我が家の所有する畑があった。昭和二〇年に、ここに大きな陸軍の地下壕がつくられた。父伝一が元下士官で、当時は青年学校の軍事教練の教官をしていた。そんな関係から軍部の話が断れなかったのだろうと思う。大きな穴を掘り、上に土をかぶせ壕をつくっていた。上にかぶせる土は、トロッコで自分の家の別の畑から運び出していた。地下壕の近くにはトロッコが沢山置いてあって、そのトロッコに乗って遊んでいたことを覚えている。田んぼ一枚くらいの大きな地下壕で、戦後になかに入ってみたが、内部は少し蛇行していたと記憶する。壕から有線で各所に連絡網がつくられていたし、電信装置もあった。地下壕の周囲には塹壕《ざんごう》が三つほど掘ってあった。完成する前に終戦になったが、何のための地下壕だったのかくわしいことはわからない。父からは本土決戦に備えていたものと聞いている。」

布引山の軍事施設

「終戦後、アメリカ軍が進駐するまで、日本の飛行機が各所に放置されたままになっていた。飛行機の部品をあちこちに取りにいったので、そのころの様子をいろいろ覚えている。

布引山の上に、木造の格納庫が建っていて、なかには九四式戦闘機がそのままになっていた。自分は磁石や望遠鏡がほしくて、月夜の晩に山に登って部品を取りにいった。操縦席が二つあり、そこへ潜り込んだのはよかったけれど、出られなくて困ったことがある。

柴原南のコンクリート掩体壕についてはあまり記憶がないが、終戦直前には工事中のものが八つほどあったと覚えている。そのうちの一つは、尻無の八幡神社の近くにあった。これは完成されていて、なかに双発練習機が隠されていた。また、近くの林の中に三角兵舎があり、なかに医薬品や器具類が山ほどあった。アンプルもあったので、戦後、割って遊んでいたことを覚えている。

マツタケを取りにいったとき、八坂神社の上の布引山中に、直径二、三メートルくらいの穴が三つあるのを見つけた。穴の周囲は土で囲って高くしていた。真ん中に杭が打ち込んであった。機関砲を据えつけるための台ではなかったかと思う。『砲台跡』と呼ばれているのは、このためだろう。いまでも穴は残っているのではないか。」

飛行機部品を取りにいき大怪我

「飛行場の周辺の松林には、沢山の飛行機が隠してあって、終戦後そのままになっていた。飛龍がおいてあるところに沢山の機銃弾が散らばっていた。仲間七、八人が機銃弾を取りにいった。自分が機銃弾の帯を拾って一本抜こうとしたら、突然に機銃弾が爆発した。目の前に煙が立ち込め、耳がボーンとして何も聞こえなくなった。左手から血が流れていた。仲間は驚いてみんな逃げていった。ちょうどその時、田んぼの水番をしていた人が、自分を自転車に乗せ陸軍病院に連れていってくれた。胸に二箇所、顎に一箇所、首、目の下、腕、脛、踵など十箇所に機銃弾の破片が突き刺さっていた。左手の人差し指と親指は途中でちぎれていた。半年間入院していたが、水番の人が病院に運んでくれなかったら命がなかったと思う。

普段よく遊んでいた自分より二つ年下（昭和一一年生まれ）の子が、飛燕の薬莢を取りにいって亡くなったということがあった。学校の女の先生が、薬莢が花瓶によいなどと言ったので、彼は薬莢を取りにいったと聞いている。翼の中に弾倉があり、彼は上を向いて弾倉を金具で叩いた。そしたら、信管が下の石に当たりはね返って彼の頭を貫いた。即死だった。子どもが帰って来ないので親が探しにいき、亡くなっているのを見つけたのだった。」

飛行機のエンジンを埋めた話

横井正さん

平成二三年二月、金沢市の横井正さん（大正一五年、金沢生まれ）を訪問した。横井さんが「中野小学校に飛行機のエンジンを埋める作業をした」と話されていることを人づてに聞いたからである。簡単に横井さんについて紹介する。横井さんは昭和一八年度に徴兵検査を受け、十九年一一月に金沢の師団に入営した。子どものころから飛行機が大好きで、「どうせ兵隊にいくなら飛行兵になりたいと思っていた」そうである。友人の父親が中佐で、友人にその希望を話していたら、八日市中部第九十八部隊への転属命令がきたのだという。三か月間で「機関工手」の免状が出た。この間、八日市の冬の寒さは金沢よりも厳しかったので驚いたという。金属製の食器を野ざらしの炊事場で洗うと、食器が板に凍りついてはがれないありさまだったという。

昭和二〇年二月に宮崎県都城の特攻基地へ。しかし、八日市時代の食事が悪く栄養失調となり、病院を転々とした。同年七月、ふたたび八日市の部隊に戻った。

ここからは横井さん自身の話である。

帰隊の翌日、空襲に遭遇

「那須病院でしばらく養生していたが、大阪・堺の陸軍病院への転属を命じられた。一泊しただけだったのに、『全快したから退院せよ』といわれ、白衣を着たまま、汽車で八日市まで戻った。月明かりのなかを駅から歩いて部隊に戻った。しかし、『貴様が所属していた第六中隊は、中野国民学校にいる。今夜は第七中隊で泊めてやる』とのこと。白衣、下駄履きの自分だったので、周囲の者から妙な目つきで見られた。

翌日の朝食のときのこと。食器を手にしたとたん、突如猛烈な爆撃音がした。わけもわからず食器を手にしたまま、食堂の前のタコツボに飛び込んだ。三機編隊のグラマンが低空でこちらに向かってくる。音は聞こえないが、翼から光が出て地上で炸裂する。地震のような震動。生きた心地がしない。グラマンの搭乗者がマフラーをなびかせているのが見えた。飛行場にはタコツボ式の対空機関砲陣地があり、機関砲手がフンドシ一本で応戦していた。傍らの立木に身体を隠している兵隊が、『東南から侵入しまーす』『突っ込みまーす』などと、肉声で敵機の状況を知らせていた。度胸があるなあと感心した。」

穴を掘りエンジン埋める

「この空襲のあと、中野国民学校の第六中隊の宿舎にいった。自分より一期あとに入営した、三十代の召集兵ばかりであった。自分は裁縫室で蚊帳を吊って寝泊まりした。人事関係の書類作りが毎日の仕事だった。

そして、終戦になった。

ある日、十数人が、飛行場の格納庫に行くよう命じられた。格納庫にはロケット弾でやられたでっかい穴があいていた。滑走路の脇に、黒焦げの五式戦闘機（三式戦かも）が胴体着陸していた。敵襲に遭い、脚を出す暇もなく着陸した残骸だったのだろう。

上官の命令で、格納庫の隅にある飛行機のエンジンをチェーンで吊り上げ、トラックに載せ、中野国民学校に運んだ。校舎とその前のコンクリート壁の間に狭い空き地があった。上官は、『ここに穴を掘れ』と命令した。自分たちは、スコップとつるはしで穴掘りを開始。穴掘りは一日で済んだのか二日かかったのか、ちょっと覚えがない。三つ又の木組みに吊されたエンジンがゆらゆら揺れていたことを記憶している。なぜ、エンジンを埋めることになったのか、理由はまったく知らない。米軍に接収されると困ることがあったのだろうか。『いずれ何年か後に、掘り返すのだろう』と思っていた。

その後、郷里に復員し、しばらく金沢中学で代用教員をしていたが、やがて小松製作所に勤めることになった。

戦後、六十数年がたつ。最近、『昔、飛行機エンジンを埋めたなあ、今どうなっているかな』とふと気になった。いまだに掘り返しがされていないと聞いて、少し驚いている。」

動員された八日市中学生

中学生が掩体壕つくり

昭和二〇年の初夏、八風街道筋の松林で掩体壕をつくる作業をした人たちの話である。当時、県立八日市中学校三年生であった辻野高慶さん（八日市金屋二丁目、昭和六年二月生まれ）、加藤喜八郎さん（八日市東本町、昭和六年二月生まれ）、池田圭三さん（五個荘金堂町、昭和六年一月生まれ）の三人である。

そのころ、飛行隊営門から山上村周辺までの八風街道は、両側に赤松林がつづき、まるでトンネルのようになっていた。

当時の中学生は、勉強はそっちのけであった。学校に集合すると、全員で掩体壕の土手づくりの作業に出掛けた。すでに格納庫付近から松林のなかを貫く、幅十五メートルくらいの誘導路が出来あがっていた。誘導路から道がさらに枝分れしていた。中学生たちの仕事は、誘導路沿いにコの字の形の土手を築くことである。二人一組でもっこをかつぎ土を運ぶ。一日の作業が終わると現地解

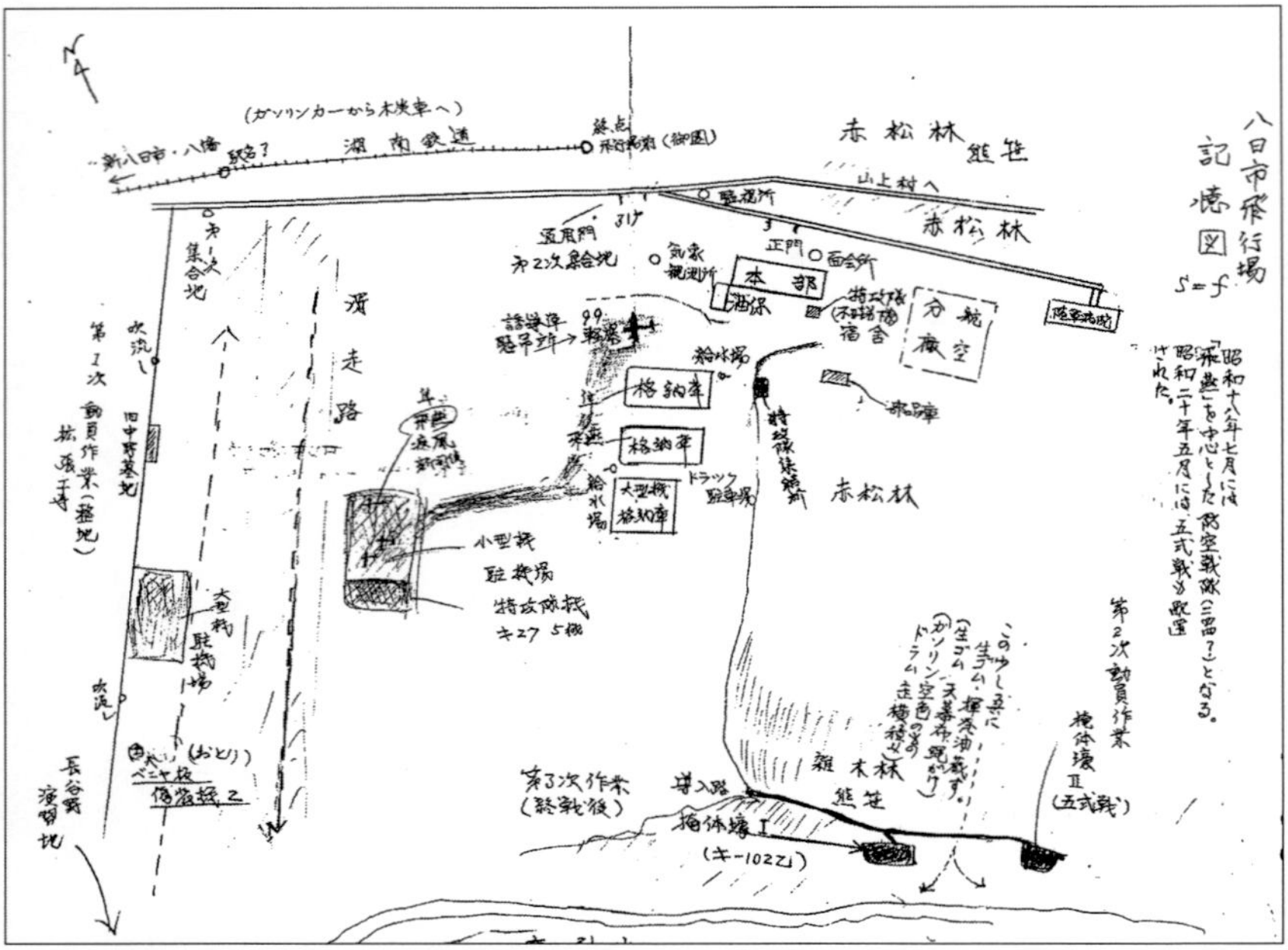

池田圭三さんの八日市飛行場記憶図

散となった。

この作業は、昭和二〇年五月下旬に行われたと池田さんは記憶する。加藤さんは「半袖シャツだったから、ウルシにまけないかと心配した」とのこと。辻野さんは、何人かで飛行場から飛行機をゴロゴロと押して、その土手のなかまで運んだという。現在の、凸版印刷のあたりではなかったかとのことである。

池田圭三さんに、掩体壕の絵を描いてもらった。誘導路から掩体壕に道が枝分れしている様子がよくわかる。

池田さんは当時の陸軍機にくわしい。図の右下掩体壕に入っていたのはキ一〇二乙（多目的双発機で五七ミリ砲を装備）だという。池田さんの話では、数機が八日市飛行場に配備されていたとのことである。

秘密兵器、「イ号一型甲・誘導弾」

池田圭三さんが、クラスの仲間といっしょに掩体壕の土手づくりに参加したのは二日間だけであった。三日目には、池田さんを含む数人は、部隊内で作業をするように命じられた。作業は、格納庫で部品の整理をしたり、計器類の掃除をしたりすることであった。掩体壕のもっこかつぎとは比較にならないくらい楽な仕事である。池田さんが飛び切りの「飛行機好き」の少年であったことを先生が知っていて、配置換えのメンバーに加えたのかも知れない。

格納庫に入ると、「隼」三機が格納されていた。もうひとつの格納庫には三式戦闘機「飛燕」五、六機があった。

ある日池田さんは、九九式軽爆撃機に誘導弾を懸吊する作業に従事するよう指示された。この誘導弾「イ号一型乙」は、昭和一九年一〇月に試作第一号が製作され、終戦までに百五十体ほど生産されたという。爆撃機の胴体に装着され、目標地点十キロ手前で発進させる。母機から切り離した後は、ロケット噴射で飛行させ、無線操縦して目標に命中させるという、陸軍の最新秘密兵器であった。

作業前、将校が池田さんたちに、「貴様ら、これから見たり聞いたりすることは、親、兄弟、先生といえども、絶対に言ってはならん」と固く口止めしたという。誘導弾は形がずんぐりしているので、「ドングリ」というニックネームがついていた。

格納庫の近くに特攻隊宿舎（もとは不時着機宿舎）や特攻隊集結所があった。そのころの八日市飛行場は、沖縄戦に投入される特攻機の中継地になっていた。関東方面から飛来し、八日市飛行場で燃料を補給し、エンジン・フラップの整備・点検をして、九州の前線基地に向かう。集結所の特攻隊員たちは、デカンショ節の替え歌を「鍾馗《しょうき》・飛燕は高嶺の花よ、ヨイヨイ、せめて乗りたや隼に、ヨーイヨーイデッカンショ」などと唄っていたが、近くにいた上官は見て見ないふりをしていたそうである。

天候不良で出発が延期になると、特攻隊員たちは、学徒動員の中学生にいろいろと話しかけてた。ある日、池田さんたちは、隊員から「マムシをつかまえてきてくれ」と頼まれた。マムシを食べて「精」をつけるのだという。七、八人で半日ばかり林の中を探したが、捕まえたのは小さな青大将二匹であった。隊員は塩をもらって来させ、青大将の蒲焼きをつくった。「マムシよりまずいな。きみらも食べんか」とすすめられたが、池田さんたちは「いえ、結構です」と断ったという。

残酷な話であるが、特攻隊員の乗る飛行機から、航空時計など一部の計器類が、「もったいない」という理由で取り外されたという。

少年の見た飛行場

燃える格納庫

武村友幸さんは、飛行場に近い柴原南から八日市中学校に通っていた。そのため、戦争末期の八日市飛行場周辺の様子を鮮明に記憶している。

以下は、武村さんの話である。

もともと、芝原から飛行場の脇を通り、金屋に抜ける古い道があった。飛行場の拡張でその道は飛行場のなかに取り込まれてしまった。この拡張工事は昭和一九年ころに行われた。

中学校へ通うには、飛行場のなかの道を利用するのが近いが、見つかると怒られるので、たいていは新しい外周路を歩き学校へ行った。飛行場と道路の間には鉄条網の柵がつくられていた。

昭和二〇年ごろには、飛行場の外縁に、偽装網をかぶせた飛行機があちこちに置いてあった。飛行機の近くにはタコツボが掘ってあったし、飛行場の北辺には対空用の機関銃座を据えた壕がつくられていた。村ではよく、「何日には大空襲があるらしい」という噂が流れた。その噂が流れると、位牌だけをもって布引山に避難する人もいた。

その夏、学校から飛行場横の道を歩いて帰ってきたとき、急に艦載機の空襲に出あった。艦載機はいつも南のほうから低空飛行で来て、突然、機銃掃射を浴びせかける。このときは同級生三、四人がいたが、みんな驚いて近くの溝に転がり込んだ。近くにおいてあったドラム缶に機銃弾があったのか、ものすごい勢いで火を噴いていた。炎の高さは五、六メートルくらいあり、ゴーゴーと音を立てていた。飛行場の飛行機も胴体から火を噴いていた。兵隊があわてて消そうと走り回っていたが、水がないので泥をつかんでぶち当てていた。そんなことで火が消えるわけはなかった。

七月二五日の空襲のときは、家から出てみると、格納庫から、高い煙が立ちのぼっていた。格納庫も潰れたと思っていたら、骨格はちゃんと残っていた。

林田墓地に爆弾が落ちた

和田吉男さん（昭和一四年三月生まれ）の話。

上大森でも、他の村々と同じように蔵の白壁にはコールタールを塗って、上空から見えにくくしていた。学校では、外へ出るときに白いシャツを着ないよう指導されていた。白いシャツは、空襲のとき目立ちやすいからである。

植村惣兵衛さんの家など五軒ほどに、兵隊が二、三名ずつ泊まっていた。ときおり、兵隊が川縁に立たされて、靴の裏で殴られていた。兵隊は殴られた拍子に川に落ちていた。ときどき兵隊たちが、自分の家の風呂に入りにきた。三、四十歳くらいの中年の人たちであった。風呂に入るのはよいが、シラミを家族にうつして困った。大ばあさんが、「シラミはノミとちごうて、跳びよらんから殺しやすい」といいながら爪の先で潰していたのを覚えている。

どの家も防空壕を掘っていた。自分の家でも庭に防空壕がつくってあった。空襲警報があると、そこへ逃げ込んだ。

林田墓地にロケット弾が落ちたというので、走って見にいった。深さ二メートル、幅五メートルくらいの大きな穴があいていた。

村の庚申塚《こうしんづか》の近くに倉庫が二棟あり、兵器類が入っているとのことであった。戦後、村の人が倉庫をあけると、鉄かぶとやガスマスクがたくさん入っていた。

布引山麓の八坂神社の本殿の裏に、銃弾の入った箱がいくつも置いてあった。中には三十センチくらいの大きな爆弾もあった。戦後もしばらくそのままになっていた。その銃弾を家にもち帰った子どもが、兄弟で金槌で叩いて遊んでいたところ、爆発して指を失う大けがをした。

戦後しばらく、赤松林のなかに飛行機が何機も野ざらしになっていた。学校から帰ると、その飛行機に乗ったりして遊んでいた。飛行機の風防ガラスは、こするととてもよい匂いがした。

飛行場にはよい野良芝が生えていた。戦後、その芝をめくり取って「一枚いくら」というぐあいに買い上げてもらった。けっこう、よい小遣いになった。

機関砲が暴発

武村武さん（柴原南町、大正一四年一一月生まれ）は、舞鶴海兵隊で一か月の新兵教育を受けたところで終戦を迎え、八月三〇日に帰郷した。飛行場では、米軍が飛行機や銃器類の接収を行っていたが、玉緒警防団に応援出動するよう要請があった。帰郷してから警防団に加入していた武村さんも作業に参加した。

仕事の内容は、旧日本軍機に装着してあった十三ミリ機関砲を、米軍将校の監視のもと、トラックに積み込み松原鉄工所まで搬入することであった。鉄工所では、それらを鉄屑として溶鉱炉に入れていた。武村さんが機関砲をトラックから降ろしていたとき、突然、轟音とともに一台の機関砲が暴発した。耳がしゅーんとするすさまじい音で、銃弾は屋根板を貫いていた。工場の工員たちが、驚いて外に出てきた。機関砲の引き金が何かの拍子に引っ掛かったためらしい。

筒先の向きによっては、米軍将校を「誤射」することになったかも知れないし、自分に弾丸が飛んできていたら、復員してから「戦死」する羽目になっていたかも知れなかった。家に帰って気がついたら、消防ハッピの右の袂が黒く焦げていたという。

長谷野爆撃演習場と留魂の碑

ラッパの合図で落ち葉掻き

長谷野爆撃演習場の歴史について簡単に触れておきたい。

長谷野は蛇溝・東市辺・西市辺・今堀・今崎・小今の共有地で、地積は長谷野九八四番地二、面積は百七町四百二十歩あった。

この長谷野を「何とか活用出来ないか」ということで、明治一四年、中野村戸長灰谷保右衛門と市辺村戸長広瀬新五郎が協議、さらに蛇溝村戸長辻善右衛門も賛同し、松苗数万本の植樹がはじめられた。造林のための経費がかさみ、村民からは一時異議もでてくる有様であったが戸長の熱意で植林は達成された。これらの経緯は大正七年に建立された「紀徳碑」（布引団地の一角に現存）に詳しく刻銘されている。

谷俊治さん（蛇溝町、昭和二年生まれ）の話によれば、長谷野は松茸のよく出る美しい赤松林であったという。六か村による山林組合がつくられ、緑化を進めるために柴刈りはいっさい禁止されていた。

毎年、一一月一五日から翌年三月いっぱいまで山の口が開き、落ち葉掻《か》きをすることが出来た。一一月一五日午前五時、ラッパの合図で村人が一斉に落ち葉掻きに入った。このときに持ち込む熊手には、一つひとつ手数料を払って鑑札を受ける必要があった。この手数料が山林組合の収入になっていた。青年団が、山林組合から委嘱されて山林内の巡回に当たった。

昭和一四年ころ(法務局の土地台帳には、昭和一四年九月二五日付で陸軍省用地になっている)、長谷野一帯を陸軍八日市飛行場の爆撃演習場にするため軍が買収を開始した。有無をいわさない強引な話の進め方で、あっという間に登記名義が陸軍省になった。買収金は全面積で十五万円余。一括して山林組合に支払われ、各家には火鉢一個ずつが配られたそうである。買収後、松林が伐採され爆撃演習場になった。伐採された松の古木は陶器窯の燃料として信楽に運ばれた。

布施山頂に監視所

小学校高学年のころ、谷俊治さんは時々、爆撃演習場西側の布施山に登り飛行機からの爆撃演習を見物した。眼下の丘陵部に石灰で同心円の大きな三重丸とその上に十文字が描かれていた。これが爆弾投下の目標であった。円の内外には、あちらこちらに赤土が跳ね上がっていた。爆弾投下で掘られた跡であった。

布施山のピークに丸太で組まれた櫓があった。演習は天気のよい日に行われ、その日には飛行隊から数人が自動車でやってきて、櫓に登り双眼鏡で爆撃演習の命中率を確認していた（布引丘陵、柴原南地先の台地にも監視塔があったという。芝原町の谷弥比智さんの話）。長さ一メートルくらいの模擬爆弾が使われていたという。

高木徳一さん（布施町、昭和四年生まれ）も、長谷野演習場についての思い出をもっている。次の通りである。

陸軍によって買収された長谷野は、松林が伐採され各所に原野が再現していた。民地との境界には、竹四本を打ち込みコンクリートを流し込んで杭がつくられていた。子ども心に高木さんは、「鉄筋の資材が不足しているので竹を使っているのだろう」と思ったという。戦後の開墾でこれらの杭は失われたが、あるいは蒲生地区には一部が残っているかも知れないという。

爆撃演習場のなかには、御代参《ごだいさん》街道と石塔《いしどう》道という二つの生活道路が通っている。川合山と芝原山の二か所に監視所があり、爆撃演習時に一般人が区域内に立ち入らないよう、兵隊が見張りをしていた。

毎日のように実弾や模擬爆弾を搭載した飛行機が急降下を繰り返し、爆弾投下の練習をした。普通、十キロ爆弾が使われていたが、一トン爆弾が投下されるときは、近隣の村の住民に軍から「牛を連れて避難するように」との事前通告があり、投下のときには地響きがして家の戸板が揺れたそうである。

高木さんたち近隣の子どもは、爆撃演習の後に監視の目を盗んで真鍮製の信管のペラ（爆弾の先についた安全装置のプロペラ）を拾いに演習場に入るのが一つの遊びであった。兵隊が掴みにくるのを巧みに逃げて、子ウサギのように木陰に隠れていたという。しかし、翌日には、全校集会で校長先生から児童全員に厳しい注意があったそうである。

留魂の碑

長谷野台地の一角、大きな松の木陰に、かつて「留魂」と彫られた石碑があった。戦後付けられた道路からも百メートルほど離れた原野の中であり、この石碑の存在に気付く人はほとんど誰もなかった。土地所有者である椋本進さん（野口町）などその存在を知る一部の人々によって慰霊の務めが細々と続けられていた。

石碑は高さ四十七センチメートル、横幅七十七センチメートルの横長の御影石で、「留魂」の二字の下には、「引地・市川両少尉殉職之碑」と彫られてあり、裏面には「昭和十八年十二月建之」「陸士第五十六期生」の字が刻まれている。

石碑に彫られた、「引地・市川両少尉殉職」とは、戦時下の旧八日市陸軍飛行場長谷野爆撃演習場で発生した、銃撃訓練中の墜死事故のことである。

留魂の碑

事故のあった年月日などは、両少尉が祭神として祀られている靖国神社祭儀課で調べてもらった結果、次の通り判明した。

引地《ひきち》尚志《たかし》少尉。長崎県佐世保市出身。

市川兼二少尉。栃木県鹿沼町（現鹿沼市）出身。

死没年月日は、昭和一八年一二月二七日である。

平成一四年、碑のあった一帯は椋本さんから（株）向茂組の所有地になった。同社の土地整備が進められる中で、「留魂」の碑は元の位置から新たに、京都セラミック蒲生工場と向かい合う道路沿いに移設され、平成一四年八月二日に改碑法要が行われた。現在も地元有志により殉職した引地・市川両少尉の法要が営まれている。

長谷野爆撃演習場は、戦後、条件のよい場所は開拓者の入植地となり、その他は地元払い下げとなって六か村希望者の耕作地となった。

兄弟二人の名を刻んだ殉國碑

東近江市石谷町の公民館前に、高さ三メートルあまりの「殉國碑」がたっている。碑の本体は「昭和五十四年三月建之」と刻まれているように、まだ新しい。しかし、下の台石の四角い部分は古びている。台石は、終戦まで市原小学校校庭に建てられていた忠魂碑の一部が使われているからである。

殉國碑の裏面には、日露戦争以来の石谷の戦没者あわせて十二名の氏名が、四列三段に刻まれている。三段目の最後の二名、山田久司さん・山田忠雄さんは昭和二〇年七月三〇日早朝、米艦載機グラマンの機銃掃射によって死亡した。

死亡時、久司さんは小学校二年生、忠雄さんは五歳。兄弟であった。

その朝、二人は、集落の南にあった造福寺の広場のラジオ体操に参加していた。ラジオ体操は昭和四年、全国放送を開始、戦時中も国民精神昂揚・健康増進のため放送（当時は午前七時）をつづけていた。

このとき急に空襲警報が発令され、集まっていた子どもたちはいっせいに自宅に逃げ帰った。警報とほとんど同時に、グラマンが襲撃してきた。山田兄弟の家は集落のいちばん北。二人が家に駆け込もうとするところを、グラマンは狙い撃ちにした。

母親のみよさんが、「早う、入りっ」と必死に叫んだ。その目の前で、二人が倒れた。弟の忠雄さんは、銃弾が肩から脇腹にかけ貫通し即死。兄の久司さんは腹を射貫かれたが、息はあった。しかし、村人が担架に載せ宮路病院に運ぶ途中で息が切れた。

石谷であらたに殉國碑建設の話が出たとき、遺族会役員であった藤澤喜八郎さんの提案で、二人の名前が戦没者として碑に加えられた。藤澤さんも、久司さん・忠雄さん兄弟らとともに、ラジオ体操に参加していた一人であった。

昭和二〇年七月二四日、空襲により、御園国民学校四年生の児童一名死亡、一名が重傷、翌二五日には東近江市建部南町（一名）・小脇町（二名）の民間人犠牲者が出ている。同年夏の滋賀県下の空襲による死者数は、五十名前後にのぼっている。

第7章 終戦

自決事件

河西督郎少尉の自爆

終戦日の翌八月一六日、陸軍八日市飛行場の待機特攻隊殉皇隊、醇成隊の隊員十二名は、「飛行納め」として思い思いに八日市飛行場を飛び立った。細井巌少尉も、同じ隊の磯谷少尉と編隊を組み、琵琶湖から比叡山の上空を飛んだ。比叡山頂に近い大津市山中町が磯谷少尉の故郷だったからである。

飛行場に戻ってから、河西督郎《かさいとくろう》少尉が愛機とともに竹生島沖の琵琶湖に突っ込んだという話を聞いた。細井少尉は殉皇隊であり、河西少尉は醇成隊だった。しかし、訓練は一緒であったし、二人は仲がよかった。河西少尉はとくに純粋な人柄であっただけに、「敗戦」という現実が許せなかったのであろうか。あるいは、特攻出撃して国に殉じた戦友への思いが、河西少尉を愛機での自決という道を選ばせたのであろうか。

飛行場を飛び立つ寸前まで、何ひとつそのような言葉もなく気配も感じられなかったという。東京都八王子市出身で、当時の年齢は二一、二歳。河西少尉は、八紘荘を宿舎としていた。普段から近くの三省理髪店を利用していたが、彼は店の三省正明少年（当時、県立八日市中学校一年生）や公衆浴場・福助湯の山田弘少年と顔なじみになっていた。

河西督郎少尉（中央）と山田弘さん（左）、三省正明さん

終戦間際のある日、河西少尉が三省・山田の両少年に、「飛行服を着せて写真を撮ってやろう」と声をかけた。二人に飛行服を着せ、首から搭乗時につける高度計をかけさせ、同僚の隊員にシャッターを切ってもらった。少年たちとともに撮った笑顔の写真が、河西少尉の最後の一枚となった。

西川俊彦中尉の自爆

八月一八日にも、同じように八日市飛行場から飛び立った西川俊彦中尉が、浅間山腹に突入した。西川中尉は、細井さんと同じ時期、陸軍八日市飛行場で待機特攻隊として展開していた「と一六八隊」の隊長であった。陸軍航空士官学校第五十七期生で弱冠二十一歳であった。

西川中尉は、八月一八日午前六時、愛機四式戦で八日市飛行場を離陸、生まれ故郷の長野県北佐久郡岩村田の上空を旋回、その直後に、浅間山外輪山の南斜面に突入し自決した。突入の前に、母校である岩村田国民学校の校庭に遺書を投下した。

遺書には、「ここで、独断、愛機を駆って太平洋に至り、はたまた浦塩に殺到し敵艦を沈むはいとも簡単であります。しかしながら、それは軽挙。皇国の再起して遂には世界の中心たりうることを固く信じつつ、愛機と共に我が浅間山頂に鎮まります」という趣旨が記されていたという。二一年年五月、浅間山で父親の手によって西川中尉の遺骨が発見され、山頂に埋葬された。また昭和四八年に、突入地点に墓碑が建立されたという。（以上『八月十五日の空』による。この件は、枚方市・小松照さんからご教示いただいた。）

西川俊彦中尉の浅間山突入について、当時、やはり八日市飛行場で待機特攻隊の一員として訓練に励んでいた小林吉隆少尉（と一六九隊・特操第二期、昭和六三年死去）の手記にも綴られているので、関連部分を次に抜粋する。

「八月一八日の朝早く、三式戦の離陸音が聞こえた。『どこの隊か知らないが、朝早くからえらい張り切っているな』などと話しあっているところへ、振武第一六八隊の機付兵がやって来て、『西川隊長殿からこれを渡せといわれました。』と一通の封書を差し出した。いっしょに集結していた五十七期同期の各隊長あての遺書が入っていた。『八紘一宇の理念に破れ、多くの戦友を失い、降伏の屈辱を受けることを潔しとせず、故郷浅間山に突入する』という意味の内容が認《したた》められていた。普段は生真面目でおとなしく、内にはこのように純粋な熱情を秘めていた西川中尉は、そのまま故郷の生家の上空を旋回したのち、浅間山の山頂に突入自爆したのだった。

そんなこともあったせいか、その日から飛行禁止となり、整備隊の手によって点火栓が抜かれ、私たちは二度と飛ぶことが出来ない身となってしまった。」（『学鷲の記録―積乱雲』小林吉隆「夏草の匂い」）

内倉中尉一家の自決

八月一六日には、浜松から八日市飛行場に移駐してきた、第一航測連隊の内倉光秀中尉（当時三十八歳）一家五人が、日野町の墓地で自決する事件があった。

内倉光秀中尉は鹿児島県出身で、浜松の第一航測連隊に所属していた。

昭和二〇年七月、艦砲射撃や空爆による被害を避けるため、浜松から航測連隊五千名が八日市飛行場に移駐してきた。迫り来る本土決戦に備え、あらたに日野町東部にそびえる綿向山《わたむき》頂（標高千百十メートル）に航測基地をつくる目的であったという。この移駐業務に従事していた内倉光秀中尉は、七月初旬、日野町木津に民家を借りて妻子四人を浜松から呼び寄せた。

本人はその後も任務遂行のため浜松と八日市の間を行き来し、最終的に残留部隊三百名を連れ八日市に到着したのが八月一五日であった。終戦の玉音放送のあった日である。

内倉中尉は、その夜、妻子の待つ日野町木津の寄留先、岸和田みち子さん宅に帰った。

一六日朝から、内倉中尉は浜松行きトラック隊の指揮をするはずであった。しかし、時間がきても部隊に来ないため、部下が岸和田さん宅に中尉を迎えにいった。家主のみち子さんが、中尉の部屋に一通の遺書が残されているのを見つけた。ただちに近所の人たちと手分けをして、内倉中尉一家の行方探しがはじまった。その結果、大窪から鎌掛にむかう通称「やけだ」の墓地で、内倉中尉一家五人が自決しているのが発見された。

軍装のままの内倉中尉は、こめかみを拳銃二発で撃ち抜いていた。三歳の末娘滋子を抱いた妻やす子（三十四歳）、そして小学一年の長男格治、五歳の長女秀代はいずれも心臓部を軍刀で刺され死亡していた。右端に中尉、左端に末娘を抱き、早世した二男の位牌を手にした夫人、二人の間には長男と長女の遺体が取り乱すことなく寝かされていたという。

「生きて辱めを受くる事は、鹿児島の気風として帝国陸軍将校として、誠に忍び切れません。死して靖国の神々とともに永久に戦う所存です」。これが、内倉中尉が残した遺書の内容である。

一家の自決に至るまでの経緯も遺書に記されていた。

敗戦を潔しとしない内倉中尉が自決を決意し、そのことを妻やす子に打ち明けた。やす子は「自分も夫に従う」ことを望み、幼い子どもたちだけを残すのは忍びないと、夫婦が三人の子どもを道連れにしたのである。

一家の亡骸は部隊によって荼毘《だび》に付され、岸和田みち子さんや木津地区住民が協力して葬儀を行ない、墓地に葬った。以後、内倉中尉一家の遺体を見つけた一人、岡熊吉さんや、木津地区の元軍籍をもつ人たちによって、内倉一家の供養がつづけられた。

内倉光秀中尉一家　『あの時こんな事が』（昭和46年外池寛編、日野町商人館所蔵）より転載

以上の敗戦悲話は、『あの時こんな事が』（昭和四六年・外池寛編、日野町商人館所蔵）にくわしく記されている。

『終戦時自決烈士芳名録』によれば、当時、国内外で自決した者、五百二十七人。しかし、一家五人が自決した例は内倉中尉一家のほかにはない。自決の地、日野町大窪霊園の小高い丘の一隅には、内倉中尉一家の慰霊碑が建てられている。

終戦処理——最後の業務完結に努力せよ

ある「命令受領諸綴」

終戦後に、陸軍八日市飛行場の軍用機、武器類を米軍に引き渡すための「命令受領諸綴」が残されていた。持ち主は沓名《くつな》久三さん（故人、八日市町、大正七年生まれ）であった。

沓名さんは愛知県出身で、昭和九（一九三四）年に所沢陸軍飛行学校に入学。昭和一二年、飛行第十六連隊に入隊し、のちに第八航空教育隊に配属され、昭和一六年に八日市に移駐した。昭和一八年少尉に任官し、翌一九年一二月に中尉に昇進、そのまま終戦を八日市で迎えた。

終戦とともに復員がはじまったが、士官学校などを卒業した職業軍人や近郷出身の兵隊が残留し、米軍に武器類引き渡しを行う用務に従事していた。沓名さんは職業軍人の尉官として、引き渡し業務に従事した一人である。

私が沓名さんを訪ねたのは平成七年であった。沓名さんが保管していた「命令受領書」は、ざら紙に謄写《とうしゃ》印刷された第十一飛行師団（大阪府・大正飛行場）からの命令書など三十枚余が綴られていた。

「命令受領諸綴」の一部をコピーさせてもらったので、これを読み解いてみよう。本文は片仮名であるが、引用文は読みやすいよう平仮名を使った。

プロペラを離脱すべし

電報翻訳紙五枚がある。終戦後間もなく、第十一航空（飛行）師団から中部九十八部隊長あてに発信された指示書で、当時の軍部の対応を伺うことが出来る。

①昭和二〇年九月一日九時発信の至急暗号電報では、次のとおり兵器類につき当座の処置を指示している。

　軍需品の処置に関し左記のごとく定められる。

一、兵器の御紋章は部隊長に於て消去し奉るものとす
二、演習用化学戦弾薬（催涙弾・赤筒・持久瓦斯現示筒）等は確実に湮滅す

②九月三日十五時発信のものでは航空機の保管方法が示されている。

一、飛行機は「プロペラ」を離脱すべし。
二、発動機には覆いを付し飛行機を良好なる状態に保持するに努むべし。

③九月一七日十五時三十分発信の電文では、飛行場監視態勢に関する指示である。

一、憲兵は全面的に復員せらるることとなりたるに付、飛行場の監視隊は憲兵の指揮下に入る

ことなく、依然現指揮系統に依り任務を続行すべし
二、飛行場監視隊その他警戒に任ずるものは自今武装を脱し帯革（注、バンドのこと）のみを装し、
警備上必要なる兵器は衛兵所に備え付け置くものとす
④九月一八日、九月一九日に台風被害に関し照会が行われている。
台風の被害、特に飛行機の被害あらば速かに調査報告せられ度（一八日付）
台風被害状況、特に施設及び飛行機は写真撮影の上至急報告せられ度
これに対し、第八航空教育隊長からは「繋留ありたるを以て被害なし」との返信がなされている。

員数と現品の一致を指示

ざら紙に謄写印刷された指示書・情報伝達書綴のうち、主だった部分を抜粋する。
①米軍進駐に伴う情報（昭和二〇年九月二二日）
大阪師管区内の米軍進駐地、進駐経路などの情報伝達。
②米軍進駐に伴う情報（九月二四日）
米軍進駐地に関する情報伝達のほか、米軍への軍需品引き渡しに関し次のような事例が記されている。
「連合軍側に引き渡した毛布に蚤などがついていたため、連合軍側はこれを日本側に引き取るよ

う要求した。日本側では輸送手段がなく、引き取りが出来ない間に連合軍側はこれを焼却処分にした。今後は連合軍側の許可を得て、適宜地方官庁その他一般住民に保管転換または有価払い下げなどを行うこと。」

③会報事項（九月二六日付）

連合軍に対する兵器類の引き渡しについての心得が克明に記されている。

兵器については「員数表と現品の一致」「とくに攻撃兵器（飛行機・武器・弾薬）においては厳密なるを要す」としている。

員数表は、「横書きで英語を併記」「要図を付し英語の注記を併記」としている。とはいえ、当時、旧日本軍側に英語を記せる者はほとんどいなかったことだろう。そのため、航空機をはじめ弾薬・各種兵器の英語の名称を一覧表にして示している。一例をあげると次のとおりである。

四式戦闘機　TYPE4　FIGHTER／九七式重爆撃機　TYPE97　HEAVY BOMBING PLANE

百瓩爆弾　100KG BOMB／始動車　STARTER TRUCK

高射機関砲　ANTI AIRCRAFT　CANON／軍刀　SWORD／小銃　RIFLE

すでにマッカーサー司令部に報告済のものと現物が一致しない場合も、「絶対に隠匿することなく真実の処を明確に出し、報告書も煩を厭わず訂正するを要す」と注意し、「一個人の怠慢、不誠実は国軍全般の怠慢、不誠実となるべし」として、誠実に引き渡し業務を遂行するよう求めている。

引き渡し軍需品の範囲は「飛行機・武器・弾薬・爆弾・燃料及び飛行場器材・飛行機装備品中の主要なもの」で、「被服・糧秣・衛生材料などは民需用、残留部隊の補給用ならびに外征軍復員に伴う不足被服補填用など」として、「別に指示される時期まで保管」することになっていた。

④参謀長口演要旨（九月三〇日）

「（監視員の）人員僅少なるとも分散集積地の広範囲なる等のため、その任務また容易ならざるものなるも、犠牲的精神を発揮し軍の最後を全うする覚悟を以てますます軍紀厳正に最後の業務完結に一段の努力を要望する次第なり」と要請している。

また、「兵器資材処理上の注意」として「敵に与ふる第一印象を良好ならしむるを要す。数を一見しやすき如く某単位数毎に区分す」「員数は一の差と雖も軽視せず、一度の調査に甘んぜず積極的に準備せよ」「最近、連合軍側兵員個人による持ち出し増加の傾向あり。これが対策を厳ならしめ、受領証やむなくば月日時刻その他細部の資料を記録保存すべし」などの文章もある。

打ち合せ会議における沓名さんのものらしい手書きの一文があった。そのなかに「引き渡しの際、あまりゾロゾロついて歩くな」というメモが残されていた。

八日市飛行場の航空機引き渡し数

①業務実行官任命の件（九月三〇日付）

中部軍管区内の各航空基地における、航空軍需品引き渡し業務実行官を定めている。大正飛行場をはじめ、伊丹・佐野・八日市・京都・由良・三木・篠山・三国・奈良・大津・加古川の各地が記されている。

八日市飛行場では次の三名が業務実行官に任命されている。

飛行第二四四戦隊長（第八航空教育隊・八日市分廠関係以外全部）

第八航空教育隊長

八日市分廠長

②八日市飛行場の引き渡し数

「命令受領書綴」のなかに八日市飛行場に関する兵器類員数の一覧表がある。様式は謄写版刷りであるが各項の数字は手書きである。飛行機の部分を抜き出すと次のようになっている。

八日市分廠　百五十七機　第八航空教育隊　三十機　老田隊　八機

二四四戦隊　二十九機　合計　二百二十四機

朝日新聞八日市通信部の石田記者の新聞記事（次項に掲載）には四百余機とあった。どちらが正しいのだろう。中部第九十四部隊の保有機数が記載されていないのだろうか。あるいは、進駐軍に焼却されたもののなかには、他の飛行場などから搬入した飛行機が多数混入していたのか。

旧日本軍機、炎上す

飛行場に飛行機なし

寺井善七さん（京都市、昭和二年生まれ）と服部八十治さん（大津市、昭和四年生まれ）は、ともに昭和一九年、中学校在学中に陸軍特別幹部候補生（二期生）に志願して合格、八日市の第八航空教育隊に入隊、飛行機整備兵としての訓練を受けた。この二人の話を中心に、敗戦前後の八日市飛行隊の状況を紹介したい。

寺井さんは、第八航空教育隊での訓練が終わってから、いったん洲本（兵庫県）近くの戦隊で初年兵の教育助手を務めたり、瀬戸内海に面した四国・松山付近で臨時飛行場造成作業に従事したのち、昭和二〇年八月一〇日、八日市の部隊に戻ってきた。

一方、服部さんも、昭和二〇年四月に愛媛県丹波町で特攻基地の造成に派遣されたあと、七月末、八日市の部隊に帰って来た。

服部さんが八日市の飛行隊に戻ったとき、目についたのは、格納庫にぽっかりあいていた直径七、八メートルもある爆撃の跡であった。おそらく、昭和二〇年七月二四日、二五日の米艦載機グラマンによるロケット爆撃の爪跡であろう。飛行場に飛行機はほとんど見当たらず、空襲警報が出ると、数少ない飛行機が避難するため飛び立っていったという。服部さんが八日市飛行場を離れていた四、五か月の間に、大多数の飛行機は掩体壕や松林のなかに隠されたのであろう。服部さんは、一週間後に部隊兵舎から押立国民学校の仮兵舎に移った。講堂で寝泊まりしながら、隣の神社（押立神社か）の境内で年上の新兵教育にあたっていた。

八月一〇日、寺井さんが原隊に戻ったとき、一部の兵舎は爆撃で壊れていた。寺井さんの所属する中隊は櫻川国民学校に疎開しており、教室の床に毛布を敷くなどして仮兵舎にしていた。寺井さんも、ここで新兵教育を担当した。新兵の服装はひどいもので、帽子も粗末なフェルト製であった。

終戦の日

昭和二〇年八月一五日、終戦の日。

寺井善七さんの話。

「昼前、中隊長がある民家の前に全員集合を命じた。私は初年兵が迷惑でもかけて、その説教があるのかと思っていた。するとラジオから玉音放送があった。だれからとなく、終戦の詔勅やで、という話が聞こえてきた。みんなオイオイと泣き出した。中隊長は、負けたのと違う、また反撃せよという指令が出るかもしれんからそれまで待て、といった趣旨のことを話された。」

中隊によって「終戦」の受け止め方に温度差があったと、寺井さんは回顧する。息巻いて銃剣の訓練をしていた隊もあれば、「これから、英語の勉強でもせえ」と聞かされている隊もあったという。

九月二日に部隊の営庭で「復員式」が行われた。復員式の後、将兵たちはそれぞれ郷里に向かったが、「若年者、独身者、近隣者は、アメリカ軍への武器引き渡し事務を行うため残留してくれ」との話があった。寺井さんと服部さんは、ともにこの条件に合致するので残留組に入った。

管理要員として残った者で、三、四班が編成された。一班は、下士官一名、下士官勤務者二名、上等兵約十五名の、約二十名で構成されていた。

陽気なアメリカ兵

寺井善七さんは、当初、旧兵舎で寝泊まりしながら、その後は天理教湖東大教会を宿舎にして、二十四時間体制で飛行機や兵器類の監視に当たった。九月に台風が来た。野外に置かれた飛行機が飛ばされないよう、車輪止めを施すとともにロープで尾翼をゆわえ、地面に打ち込んだ杭にくくりつける作業にてんやわんやであったという。

服部八十治さんは、旧兵舎で寝泊まりして、正門の衛兵勤務についていた。

アメリカの進駐軍が八日市に来たのは、十月であった。

正式調印と武器の引き渡しが済むまで、旧日本軍側も武装し階級章をつけたまま監視任務に従事していた。アメリカ軍はもちろん自動小銃で武装していた。彼らは、自動小銃を松の枝に引っ掛けたりして気楽なものだったという。寺井さんは、「自分たちは、銃を天皇から授けられたものとしていのちより大切にしていたが、アメリカ兵の態度を見て驚いた」と回想する。アメリカ兵とも次第に打ち解け、筆談や片言《かたこと》英語で会話を交わすようになった。アメリカ兵が、「あれはだれか」と聞く。「将校のだれそれだ」と答えると、「将校なら撃ってやれ」などと冗談を言ったそうである。

アメリカ兵の気さくさについては、彼らとともに正門の衛兵勤務についていた服部さんも、寺井さんと同じ思い出をもっている。次のとおりであった。

「アメリカ兵は、いつもにこにこしていた。年齢は見当がつかなかった。アメリカ兵がオナラをすると、日本兵もオナラをした。じゃんけんゲームやにらめっこもした。こちらのもっているタバコの誉《ほまれ》をアメリカ兵にやって、ラッキーストライクをもらった。誉は中身がスコスコでまずかったが、ラッキーストライクは香りも味もとてもよかった。チョコレートをもらって食べて、その甘さやおいしさに驚いた。こんなに面白い兵隊たちとなぜ戦争をしたのだろうと思った。」

一〇月末ごろに、アメリカ軍の上官が来た。彼らは、部隊本部跡をはじめ、弾薬庫、会議室、病棟、林のなかなどを見て回り、服部さんは何人かとともにその後について回った。

こうして引き継ぎ業務がすべて終わり、管理・監視に従事していた寺井さん、服部さんたちも、二〇年一一月中旬には郷里に帰った。寺井さんの話では、この時点ではまだ日本軍機の焼却処分は行われていなかったという。

京都に帰ってからも、寺井善七さんは八日市飛行場のことが気になっていた。一度見にいきたいと思っていながらも、飛行場のなかに入ることは不可能だということであきらめていた。昭和二一年はじめ、八日市近隣の知人から、「米軍が飛行機を燃やしとる」という噂が伝わってきた。

一枚の写真

一枚の古ぼけた写真がある。胴体に日の丸のマークをつけた飛行機が炎上している。飛行機はその向こうにも野積みされ黒煙を上げている。手前のジープの人影は、旧日本軍機の焼却処分を見守っているアメリカ軍関係者だろう。遠景の山のかたちは、明らかに瓦屋寺山から太郎坊山にかけての稜線である。昭和二〇年一一月末、朝日新聞八日市通信部の主任石田次郎記者が撮影したものである。

この写真を石田記者からもらったのは、室谷昌夫さん（京都市在住）である。室谷さんは、八日市飛行隊と直接の関係はないが、復員後、八日市飛行場に近い神崎農業会（偕行社跡）で、獣医として農家の畜産指導をしていた。そのころ、朝日新聞の石田記者と懇意になった。石田記者がある日、「この写真は、珍しいものだから一枚あげよう」と室谷さんに手渡された。

旧陸軍八日市飛行場での日本軍用機焼却処分の様子
（朝日新聞　昭和20年11月24日付）

室谷さんは、その後、京都市役所に転職、寺井善七さんも京都市の職員となった。この二人の出会いがあり、そのとき八日市飛行場の話が出て、「写真」は室谷さんから寺井さんの手に渡った。

陸軍八日市飛行場で一途に青春の日々を過ごした寺井さん、服部さん、そして多くの若者にとって、その写真は正視し得ないものであったに違いない。けれども、「時代が変わった」ことを強烈に教える一枚でもあった。敗戦前後の陸軍八日市飛行場を知る人の話も、それを物語る写真も、いまでは数少ない貴重な「歴史的資料」となっている。

「戦争よ永久にサヨウナラ」

朝日新聞社石田記者の撮影した写真は、いつの新聞に掲載されたのだろう。掲載日がわかれば、日本軍機焼却の時期もわかってくる。写真コピーを朝日新聞大阪本社に送付し、調査を依頼した。その結果、昭和二〇年一一月二四日付け同紙地方版（奈良版・東海版など）に掲載されていたことが判明した。同時に、記事のコピーも送られたので紹介する。見出しは「平和の狼火に神翼哀れ―八日市空港の四百機火葬」となっており、記事は次のとおりである。

「戦争よ、永久にサヨウナラ……爆音に明け暮れていた三十余年、いま全国屈指の空港と謳われた八日市飛行場では、進駐軍の放つ『平和の狼火』に各種の決戦兵器も神鷲機も一大黒煙となって平和の空に消えて行く。二十日から行われている『兵器の火葬』、ずらりと並んだ、屠龍・隼・鍾馗さては覆面兵器の運送用グライダー、どこから来たか海軍機も加わって、血の一滴を絞った神鷲機四百五十機がガソリンの洗礼を受けて炎々と燃えさかっている。「飛べなくすればよいのだ」とジープで指揮するカークス八日市駐屯隊長は、飛行機の車輪をソックリ自転車組合や小運搬組合へ贈った。これは思いつき、神鷲機の車輪を荷車やリヤカー、肥料車に再生させようというのである。

思えば遠く徳川時代から、沖野の大凧で知られ、大正二年（大正三年の誤り・筆者注）フランス帰りの民間鳥人・荻田常三郎氏の郷土訪問から、大正七年陸軍飛行場として発足（開隊式は大正一一年・筆者注）した、この広野五百万坪の八日市飛行場は、幾多の航空戦史を秘めて平和日本の増産基地として更生に躍動しているのだ。

いま、これらの一切は米進駐軍の手で至極明朗に接収作業が続けられ、土地は再び周辺町村民の手に返されることになり、早くも分割開墾に逞しい鍬が打振るわれているが、兵舎などの施設はそのまま利用して高等農林学校（現八日市南高等学校・筆者注）を設立し、放牧、機械化農業の計画など空港八日市の更生設計が着々進められている。」

エピローグ

つわものどもが夢のあと

飛行場跡地の変遷を、簡単に振り返っておきたい。

旧陸軍飛行場の二十七・七平方キロメートルは、戦後ただちに大蔵省の財産となった。

全国民が食糧難にあえいでいた時代であった。農林省は、飛行場跡地を開拓地に設定し、昭和二〇年秋には早くも入植者の募集が行われ、第一陣が一一月に、第二陣が翌二一年一月に、あわせて四十五戸、四十六名が入植した。

入植者のほとんどは海外からの引揚者たちで、農業の経験がなかった。彼らは約一か月、日野の農民道場で開拓のための基礎訓練を受け、現地におもむいた。宿舎は旧兵舎を利用した同居生活で、平鍬や開墾鍬さえもち合わしていない人が多かったという。

雑草の生い茂った原野であった。草の根・木の根を掘りおこし、スコップで土砂を竹の箕の子に振りかけ、土だけを畑に残す。飢えに苦しみながら、気の遠くなるような重労働がはじまった。

肥料分がまったくない土地。最初の年に収穫されたジャガイモはあまりにも小さく、自嘲気味に

「ジャガマメ」とよばれた。

旧兵舎は移築して中学校の校舎に転用された。冲原神社の社殿などは町内のいくつかの神社に分割搬出された。

二一年秋、国の補助金三千円を受け、開拓入植者のために約二十四平方メートルの住宅が建てられた。板葺き屋根の簡単なもので、一日で出来上がったことから「トントン住宅」という名がついた。

そのころ、開拓民の一人が利鎌《とがま》で割腹自殺するという悲劇がおきた。何とか生活費を工面しようと、自分では口に出来ない米一斗を「かつぎや」として運搬する途中、警察の取り締まりで没収されたのだった。展望の見えない開拓作業に加え、生活難がのしかかる毎日。自殺はせずとも、苦しい開拓生活から離脱する家も少なくなかったという。

そのようななか、沖野ヶ原開拓事業にもわずかずつではあったが前進が見られた。

国の補助で三か所の揚水施設が完成（のちに七か所）し、昭和二三年には一部で稲作が可能となった。近在の農家から余った早苗をわけてもらい、植え付けがおこなわれた。二四年には電気が供給されて電灯がともった。長い石油ランプの生活から開放されたのだ。桃や梨をはじめ花卉栽培もはじまった。

一方、入植地以外の飛行場跡地は、県八日市開墾事務所により、三反歩を最低面積として自作農創設を目的に売り渡しが行われた。売り渡し地は、五年後に県開拓課により開墾成功検査が実施され、さらに十年を経て一般農地となった。これらの農地の宅地転用が可能となった昭和三〇年代から、市街地に近い旧飛行場北部から、宅地化が進んでいった。

昭和三四年には、冲原神社を地域の氏神さまとして復興することが決まった。

昭和三九年、名神高速道路八日市インターチェンジの開設。それに先立ち、旧飛行場跡に三七年に村田製作所が進出し、凸版印刷、タキロン化学、大昭和紙工などがつづいた。

昭和四八年、飛行場跡の大半の地域で住宅建設が進み、商工業活動も活発化したことから、「南部地区」があらたに制定され、五一年には公民館が開設、自治区として大きく前進した。最近のデータでは、平成一七（二〇〇五）年の南部地区人口は九千九百二十二人、四千四十一世帯である。旧飛行場跡地が急速に市街化されていったことがわかる。（以上、『八日市市史』第四巻。『南部地区二十年史』を参考にした。）


平成二七年三月下旬のある日、私は自転車で飛行場の跡地一帯を走った。旧飛行場の西北部にあたる聖徳中学校グラウンドでは、野球部の選手らしい一群が長々とつらなってランニングをしていた。碁盤の目状に道路がつけられ、住宅が建ち並ぶ一角では、子どもたちが小さな自転車で走り回っている。会社や工場が各所にあり、最近建てられたらしい共同住宅も少なくない。かと思えば、建物群の間に開拓当時の面影を残す畑地や空き地も点在している。赤い幟《のぼり》が風にはためいていた。「冲原神社」「氏子中」と染め抜かれている。冲原神社の春祭りを住民に知らせる幟らしい。冲原神社の前にはパチンコ店が構え、フロントガラスを光らせた乗用車の出入りがはげしかった。

戦後七十年。もう、どこを探しても陸軍機が離着陸を行い、多くの兵士が人知れず涙を流した、往時の飛行場の面影はない。この一帯がもと陸軍飛行場であったことを知っている住民が、はたしてどれくらいあるのだろうか。

あとがき

■六月中旬、サンライズ出版から初校が届いたというのに、私はまだ陸軍八日市飛行場についての情報を追い求めている。まだまだ聞くべき事柄、さらに深く質すべき事実が、つぎつぎと出てくるためである。

■六月九日午後四時、私は大西友二郎さん（東近江市芝原町、昭和三年生まれ）のお宅を訪ねた。蛇砂川・平和橋のたもとにある芝原揚水機場は、戦時下の飛行場拡張工事のとき、設置場所が「移動した」のか「移動しなかった」のかを訊ねるためである。大西友二郎さんのお話では、元の揚水場は現在地より東にあり、昭和十七年の飛行場拡張時に、いったん現在地に移ったらしいとのことであった。そのとき、日野の亜炭鉱山の坑夫たちが地下の横穴を掘るため大勢働きに来ていたのを記憶しているとのことであった。「昭和十九年、二度目の飛行場拡張工事のときは、地元の抵抗もあって揚水機場は動かなかったように思う」と大西さん。（P54「陸軍も手が出せなかった揚水場」参照）

■六月十日午前十時、私は谷弥比智さん（東近江市芝原町、昭和十二年生まれ）の軽四輪の後ろについてジムニーで走った。終戦直前の飛行機誘導路のコースを教えてもらうためである。布引丘陵北麓の誘導路は、宮溜（柴原南町）前のコンクリート掩体壕付近からさらに西に向かい、現布引小学校運動場の北端を回って御代参街道にまで達していた。誘導路は御代参街道の一部を利用しつつ南にすすみ、蛇溝町地蔵堂を越えた辺りで、丘陵の裾を巻くように東に曲折していた。長栄荘旅館のある辺りまで誘導路はつづいていたという。以前、柴原南町・武村勘一さんからもこの話は聞いていたが、今回、谷さんに案内いただきルートを確かめることが出来た。谷さんの記憶では、誘導路末端付近の林の間に、単葉の小型戦闘機三、四機が隠されていたという。

■聞くべきことはまだまだある。もっともっと調べ記録してゆきたい、との私の思いはこれからもなくならない。

■今回の出版にあたり、いままで自分がまとめた陸軍八日市飛行場関係の原稿一切合切をサンライズ出版に提出した。それらを取捨選択し、順序を整え、ようやく本らしく体裁を整えてくださったのは、山崎喜世雄さんである。ありがとうございました。

■初校が送られてきた袋の中に、サンライズ出版社長岩根順子さんからの私宛の手紙があった。これまでの取り組みを認めてもらえたという喜びを味わった。最終的に本のタイトルを考えていただいたのも岩根社長さんである。ありがとうございました。

■きょう六月十七日、梅雨の晴れ間の瑞々しい青空が窓の外に広がっている。かつては米戦略爆撃機B29の大編隊や艦載機グラマンの跳梁におびえていた空である。二度と戦争を繰り返さない日本であってほしい。それは、私にさまざまな証言を提供くださったすべての人々の思いであったにちがいない。この「本」の底流から、平和を願う気持をよみ取っていただけたら何よりうれしい。

中島伸男

参考文献

『翦風号が空を飛んだ日』中島伸男著　一九九二年
『蒲生野』八日市郷土文化研究会編　（第一一号〜第四六号）
『陸軍飛行第二四四戦隊史』桜井隆著　そうぶん社出版　一九九五年
『鯉城の花吹雪―亡き戦友を偲ぶ』広島陸軍幼年学校第四十二期生発行　一九九九年
『液冷戦闘機・飛燕』渡辺洋二著　文春文庫　二〇〇六年
『日本戦跡を歩く』安島太佳由著　窓社　二〇〇二年
『日常の中の戦争遺跡』大西進著　アットワークス　二〇一二年
『八日市市史』第四巻　八日市市史編さん委員会　一九八七年
『学鷲の記録―積乱雲』特操二期生会発行　一九八二年
『あの時こんな事が』外池寛編　一九七一年
『南部地区二十年史』南部地区創設二〇周年記念事業実行委員会　一九九五年
『滋賀報知新聞』
『日本陸軍軍用機パーフェクトガイド』学研　二〇〇四年
『日本空襲・記録写真集』毎日新聞社　一九七一年
『八月十五日の空―日本空軍の最後』秦郁彦著　文春文庫
『翼よわが命』小田勇著　中国新聞社　一九九〇年
『平田国民学校五十年史』村井茂一編

■著者略歴

中島伸男（なかじま・のぶお）

昭和９年（1934）生まれ。八日市市職員、八日市市史編さん室長、滋賀県総務課嘱託職員などを務める。元八日市郷土文化研究会会長（現顧問）を歴任、野々宮神社宮司、東近江戦争遺跡の会世話役。主な著書に『鈴鹿霊仙山の伝説と歴史』、『翦風号が空を飛んだ日』（朝日ジャーナル・ノンフィクション賞受賞）、『近江鈴鹿の鉱山の歴史』、『惟喬親王伝説を旅する』（サンライズ出版）がある。

■協力者一覧

写真提供／三船プロダクション、細井巌、寺井善七
資料提供／東近江市教育委員会
図版作成／サンライズ出版
編集協力／山﨑喜世雄、米田収

陸軍八日市《ようかいち》飛行場 ―戦後70年の証言―

2015年７月25日　第１刷発行　N.D.C.216
2025年２月15日　第２刷発行

著　者　中島　伸男

発行者　岩根　順子
発行所　サンライズ出版株式会社
〒522-0004 滋賀県彦根市鳥居本町655-1
電話 0749－22－0627
印刷・製本　サンライズ出版

ISBN978-4-88325-575-7　Printed in Japan　定価はカバーに表示しています。